中等职业技术学校农林牧渔类

农机使用与维修专业教材

农用运输车辆使用与维护

人力资源和社会保障部教材办公室　组织编写

辛　莉　主编

中国劳动社会保障出版社

图书在版编目(CIP)数据

农用运输车辆使用与维护/辛莉主编. —北京：中国劳动社会保障出版社，2011
中等职业技术学校农林牧渔类——农机使用与维修专业教材
ISBN 978-7-5045-9224-8

Ⅰ. ①农… Ⅱ. ①辛… Ⅲ. ①农用运输车-使用-中等专业学校-教材②农用运输车-维修-中等专业学校-教材 Ⅳ. ①S229

中国版本图书馆 CIP 数据核字(2011)第 164406 号

中国劳动社会保障出版社出版发行

（北京市惠新东街 1 号 邮政编码：100029）

出 版 人：张梦欣

*

三河市潮河印业有限公司印刷装订 新华书店经销

787 毫米×1092 毫米 16 开本 8.5 印张 180 千字

2011 年 8 月第 1 版 2025 年 12 月第 5 次印刷

定价：15.00 元

营销中心电话：400-606-6496

出版社网址：http://www.class.com.cn

http://jg.class.com.cn

前　　言

为深入贯彻落实《国家中长期人才发展和规划纲要（2010—2020 年）》和《国家中长期教育改革和发展规划纲要（2010—2020 年）》精神，适应建设社会主义新农村、加快发展现代农业的需要，加大培养适应农业和农村发展需要的专业人才力度，人力资源和社会保障部教材办公室组织了一批教学经验丰富、实践能力强的教师与行业专家，在充分调研、讨论专业设置和课程教学方案的基础上，编写了农林牧渔类相关专业系列教材，共涉及种植、养殖、农机使用与维修、农村经济管理、农村能源开发与利用等专业，将于 2011—2012 年陆续出版。

本套教材具有以下特点：

第一，以满足农业生产为主导方向，以培养学生实践能力为基本原则，在合理确定学生应具备的能力结构与知识结构基础上，对教材内容的深度、广度进行了科学设计，并突出了实践性教学内容。

第二，根据农村经济和农业技术发展的趋势，尽可能多地在教材中充实新理念、新知识、新方法和新设备等方面的内容，力求使教材具有鲜明的时代特征，满足新农村建设的需要。

第三，在教材的表现形式上，尽可能多地采用图片、实物照片或表格等将知识点、技能点生动地展示出来，力求给学生创造一个更加直观的认知环境。

本套教材的编写得到了黑龙江省人力资源和社会保障厅以及黑龙江技师学院、黑龙江第二技师学院、哈尔滨技师学院、佳木斯职教集团、哈尔滨劳动技师学院、中国一重技师学院、黑龙江机械制造高级技工学校哈尔滨分校、五大连池技工学校、黑龙江农业职业技术学院、黑龙江农业工程职业学院等一批技工院校和职业院校的大力支持，教材编审人员做了大量的工作，在此，我们表示衷心的感谢！同时，恳切希望广大读者对教材提出宝贵的意见和建议。

人力资源和社会保障部教材办公室

2011 年 7 月

农林牧渔专业教材编委会

主任委员　董绍林
副主任委员　孙同波　唐亚江
委　　员　曾宪娟　闫永胜　王亚辉
　　　　　于新秋　韩奎英　牛春梅

本书编审人员

主　　编　辛　莉
副 主 编　付华山　李　方
参　　编　任会友　刘笑林
主　　审　曹　铁　王洪章

简 介

本书为国家级职业教育规划教材。本书结合当前农用运输车辆市场的现状及培训对象的实际情况，简单地阐述了农用运输车辆基本知识和理论，重点是由浅入深地讲述农用运输车从选购、驾驶、维护到事故处理一系列环节的相关技术。全书共6章，主要内容包括农用运输车辆基础、农用运输车辆的选购、农用运输车辆的使用、农用运输车辆的维护与保养、农用运输车辆的常见故障及排除方法、农用运输车辆的事故处理与保险理赔。

本书通俗易懂，形象直观，实用性强，既可作为职业院校相关课程的教材或教学参考书，也可供农用运输车驾驶员、农机维修专业人员培训和参考使用。

本书由辛莉任主编，付华山、李方任副主编，任会友、刘笑林参与编写。曹铁、王洪章主审。

目　录

第一章　农用运输车辆基础

学习目标：

- ■ 掌握农用运输车的定义、类别和特点
- ■ 了解农用运输车的基本构造
- ■ 了解农用运输车的基本工作原理
- ■ 能够识别并正确识读农用运输车的型号和代号

第一节　农用运输车辆概述

一、农用运输车辆的简介

农用运输车辆是以柴油机为动力装置，中小吨位、中低速度，从事道路运输的机动车辆，包括三轮农用运输车和四轮农用运输车等。

农用运输车实际上是农业工程车，是在20世纪拖拉机组的基础上演变来的，介于汽车与拖拉机之间。它适合在那些经营规模较小，路面较差，运输距离较短，货物杂，运量小以及一些特殊环境下的运输作业。由于农用运输车发动机功率较小，一般为8.8～41 kW，使用柴油发动机，其经济性比汽车好。我国农用运输车功能单一，只能从事中短途运输，实际是低速、低配置、窄范围的汽车。特别是从21世纪初以来，农用运输车向大吨位、高配置方向发展，并且保有量迅速增长。

为了有一个良好的交通秩序，保证人民的生命财产安全，GB 7258—2004《机动车运行安全技术条件》将农用运输车纳入汽车范围进行管理。《机动车运行安全技术条件》规定“三轮运输车”更名为“三轮汽车”，“四轮运输车”更名为“低速货车”，明确规定低速货车是汽车的一种。但是，人们还是习惯对三轮汽车、低速货车使用农用运输车的称呼。

二、农用运输车辆的类别

农用运输车分为两类：三轮农用运输车和四轮农用运输车。

1. 三轮农用运输车

三轮农用运输车是最高设计车速不大于 50 km/h、最大设计总质量不大于 2 000 kg、外廓尺寸不大于 4.6 m×1.6 m×2 m 的有三个车轮的农用运输车（见图 1—1）。

三轮农用运输车要比四轮农用运输车在农村使用得早，并且数量多，近年来在逐渐减少。三轮农用运输车是由正三轮摩托车演变而来的，早期小吨位车辆一般载质量都小于 1 000 kg，发动机使用卧式 195 柴油机或 180 柴油机，发动机功率为 5.8 ~ 8.8 kW。现在的三轮农用运输车，载质量大，发动机功率、车速、外廓尺寸、安全措施等都比较好，但其机动性、行驶安全性和操纵稳定性都不如四轮农用运输车。

2. 四轮农用运输车

四轮农用运输车是最高设计车速不大于 70 km/h、最大设计总质量不大于 4500 kg、外廓尺寸不大于 6 m×2 m×2.5 m 的有四个车轮的农用运输车（见图 1—2）。

图 1—1　三轮农用运输车

图 1—2　四轮农用运输车

四轮农用运输车是在拖拉机基础上发展起来的，它的性能和结构介于拖拉机和汽车之间，近年来整体性能改变明显，已经完全改变了原来的面貌。现在的四轮农用运输车的结构与轻型汽车没有多大差别。四轮农用运输车根据需要有很多种类，如自卸式、罐式、冷藏、厢式等。

三、农用运输车的特点

农用运输车是我国农村继人力车、畜力车及拖拉机之后的又一现代农业运输工具。它具有价格低廉、结构简单、使用维护方便和机动灵活的优点，是我国农村普遍应用的一种运输车辆。它是一种以柴油机为动力、中低速度、中小吨位、中小功率、中短途运输、中低价位，适合农村乡镇及近郊区道路条件和运输要求，适合农民购买力水平，适合农村使用及维护条件，具有我国农村特色的机动运输车辆，是我国广大农民发家致富的好帮手。

三轮农用运输车和四轮农用运输车有其各自的特点：

（1）三轮农用运输车的载质量不大于500 kg，四轮农用运输车的载质量一般不大于1 500 kg。

（2）三轮农用运输车结构简单，价格便宜，操纵灵活轻便，很适合在农村道路上行驶，但其稳定性欠佳，驾驶员操纵环境条件较四轮农用运输车要差一些，载货量也较少；四轮农用运输车视野开阔，驾驶室宽敞舒适，但售价较高。

第二节　农用运输车辆的基本构造

农用运输车（包括三轮农用运输车和四轮农用运输车）的基本构造由 4 部分构成，即发动机、底盘、车身和电气设备。

发动机是农用运输车的动力，现在普遍使用柴油发动机。底盘是农用运输车的基体，支撑着发动机、车身等各种零部件，同时将发动机的动力进行传递和分配，并按驾驶员的意志行驶。底盘主要由传动系统、行驶系统、转向系统和制动系统四大部分组成。车身用于承载人和货物，保证车辆在行驶时人或货物能够安全并且免受风吹、雨淋、日晒等。车身一般由驾驶室和车厢 2 部分组成。电气系统是农用运输车重要的组成部分，随着对其安全性能要求的提高，电气设备越来越显得重要。

一、农用运输车的发动机

农用运输车发动机都是柴油机，只是功率、缸数、发动机形式有所不同。三轮农用运输车的发动机，早期小吨位车辆普遍选用单缸平卧式柴油机，人力启动带有减压手柄，水冷蒸发式；现在三轮农用运输车的发动机是多缸柴油发动机，如图 1—3 所示。四轮农用运输车发动机为多缸发动机，如图 1—4 所示。

图 1—3　三轮农用运输车的发动机

图 1—4　四轮农用运输车的发动机

资料链接——农用运输车发动机为什么使用柴油机不使用汽油机?

柴油机加速性没有汽油机好，但是柴油机转速范围宽，特别是使用全速调速器或者复合式调速器的发动机速度特性更优于汽油机，而且柴油机动力性比汽油机好，同时柴油价格也低于汽油价格；另外，汽油机设有点火系统，对工作环境要求比较高，所以农用运输车发动机使用柴油机而不使用汽油机。

农用运输车发动机由曲柄连杆机构、配气机构、燃料供给系统、进排气系统、燃料供给系统、润滑系统、冷却系统和起动系统组成。

1. 曲柄连杆机构

曲柄连杆机构由活塞连杆组、气缸体曲轴箱组和曲轴飞轮组组成，如图 1—5 所示。曲柄连杆机构的作用是：将燃料燃烧时产生的热能转变为活塞往复运动的机械能，通过连杆将活塞的往复运动变成曲轴的旋转运动，再通过飞轮向外输出动力。

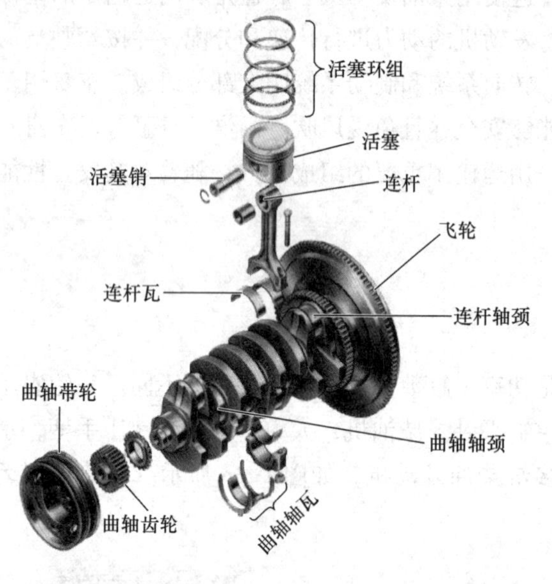

图 1—5　曲柄连杆机构

2. 配气机构

配气机构由气门组和气门传动组组成。气门组由进排气门、气门弹簧和气门弹簧座等组成；气门传动组由凸轮轴正时齿轮、凸轮轴、挺柱、推杆、摇臂轴和摇臂等组成，如图 1—6 所示。

配气机构的功用是：按照发动机的工作顺序和工作循环的要求，定时开启和关闭各缸的进排气门，使新鲜空气进入气缸并使燃烧后产生的废气及时从气缸内排出。

3. 燃料供给系统

燃料供给系统是柴油机的重要系统之一，主要由燃油箱、油水分离器、输油泵、低压油管、柴油滤清器、高压油泵、高压油管、喷油器和回油管等组成，如图 1—7 所示。

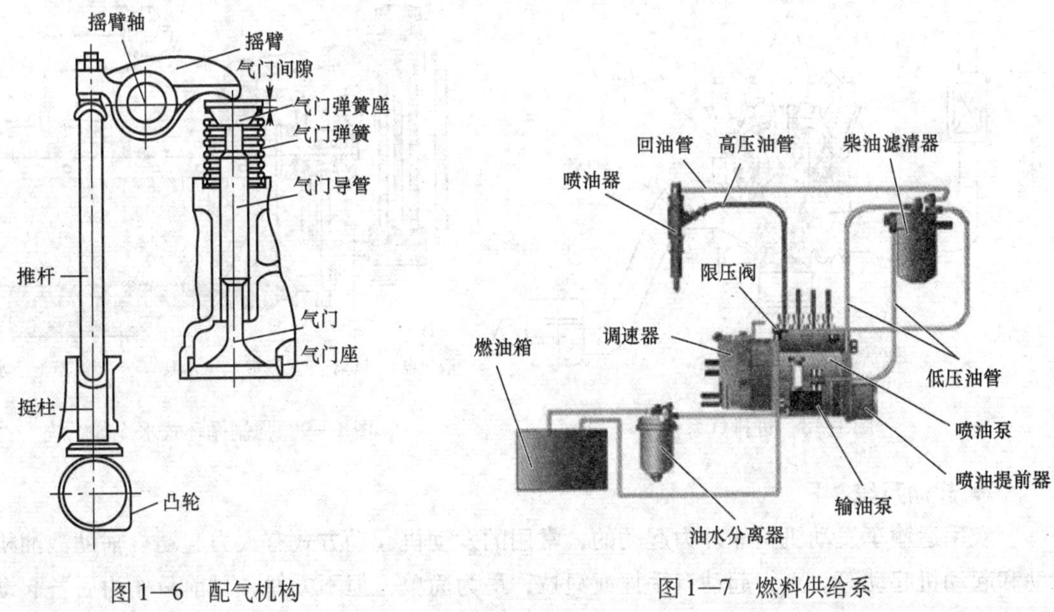

图 1—6　配气机构

图 1—7　燃料供给系

燃料供给系统的作用是按照柴油机的工作顺序，定时、定量地向各缸喷入雾化良好的柴油。

4. 进排气系统

进排气系统是由进气系统和排气系统组成，如图 1—8 所示。空气滤清器、进气管和进气歧管组成了进气系统；排气歧管、排气消声器、排气弯管和排气尾管组成排气系统。

进气系统的作用是协助发动机吸入空气，包括除去空气中杂质和灰尘，并将总管的空气分别引入各个气缸；排气系统的作用是将各缸废气集中通过排气管排出，通过排气系统上安装的消声装置，降低发动机噪声和排气温度。

5. 润滑系统

润滑系统主要由机油泵、机油滤清器、机油收集器、油道等组成。润滑系统的作用是润滑发动机各部件摩擦表面，还具有冷却、清洗、密封和防锈等作用。

6. 冷却系统

冷却系统在农用运输车上有两种，一种是单缸发动机使用的蒸发式水冷却系统，另一种是多缸发动机使用的强制循环式水冷却系统。蒸发式水冷却系统由水箱、发动机水套组成，结构简单，但散热效果不好，发动机冷却水损失大，因其不能加防冻液，在冬季室外停车后必须放水。强制循环式水冷系统的冷却效果好，在多缸发动机上普遍使用，主要由水泵、散热器、节温器和发动机水套等组成，如图 1—9 所示。冷却系统的作用是使发动机处于正常的工作温度。

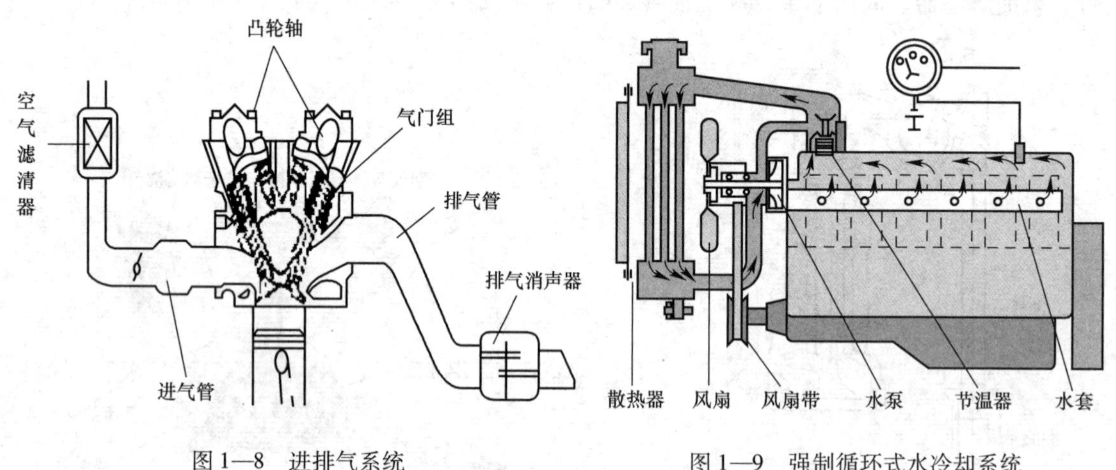

图 1—8　进排气系统

图 1—9　强制循环式水冷却系统

7. 起动系统

农用运输车发动机是靠外力起动的，常用的发动机起动方式有人力起动、辅助汽油机起动和起动机起动等。人力起动有手摇或绳拉，最为简单，但不方便，目前只作为后备起动手段在极少的车型中保留。辅助汽油机起动只在大功率的拖拉机（如东方红-75 等）上采用，其尺寸较大，成本高且起动操作不便。现广泛采用的是起动机起动。起动机起动是由直流电动机通过传动机构将发动机起动，具有成本低廉、安全可靠、使用寿命长、起动容易而迅速等优点。起动机的结构和原理在电气部分介绍。

二、农用运输车的底盘

农用运输车底盘由传动系统、转向系统、制动系统和行驶系统组成，如图 1—10 所示。

1. 传动系统

农用运输车的传动系统如图 1—11 所示，主要由离合器、变速器、万向传动装置、减速差速器总成和半轴等组成。传动系统的作用是将发动机发出的动力按照需要传给驱动车轮。

早期三轮农用运输车使用单向作用离合器，现在普遍使用双向作用离合器，有的为了降低驾驶员劳动强度传力采用液压方式。

农用运输车使用的变速器为平面三轴式机械变速器，具有结构简单、价格低廉、使用寿命长和维修方便的特点。农用运输车变速器一般由变速器壳、一轴、二轴、中间轴、倒挡轴和变速操纵机构等组成。

农用运输车的万向传动装置和汽车一样，如图 1—12 所示。

农用运输车的减速差速器总成装于后驱动桥内，如图 1—13 所示。

图 1—10　农用运输车的底盘

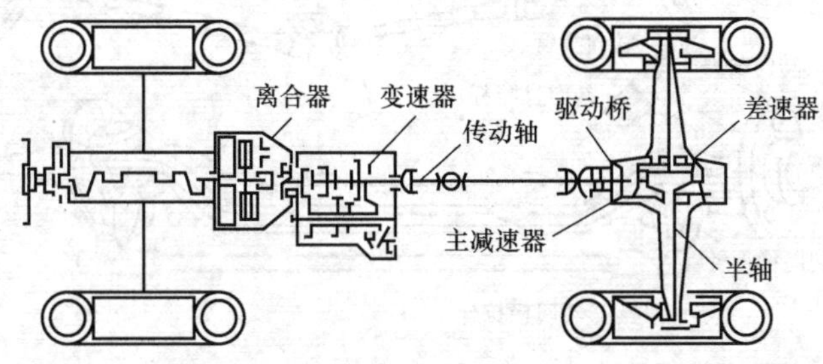

图 1—11　农用运输车的传动系统

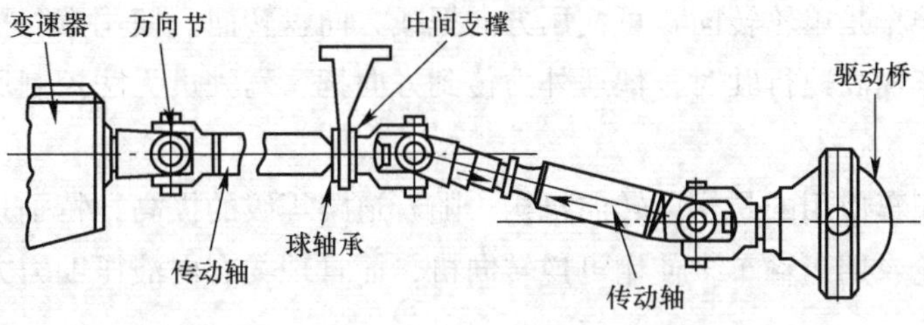

图 1—12　农用运输车的万向传动装置

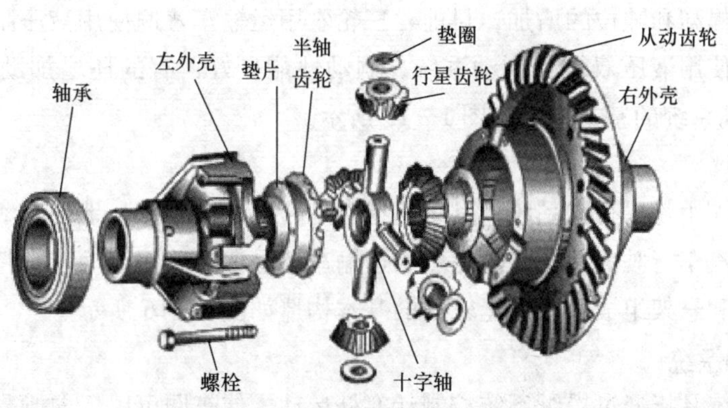

图 1—13　主减速器与差速器的结构

小常识

主减速器按减速齿轮对数分单级和双级，一对锥形齿轮的称为单级，在此基础上再增加一对圆柱形齿轮的称为双级。主动锥齿轮和从动锥齿轮是成对加工的，维修更换必须成对，不可换单个齿轮。

2. 转向系统

农用运输车转向系统全部是机械转向系统，只不过形式不同，如图 1—14 所示。

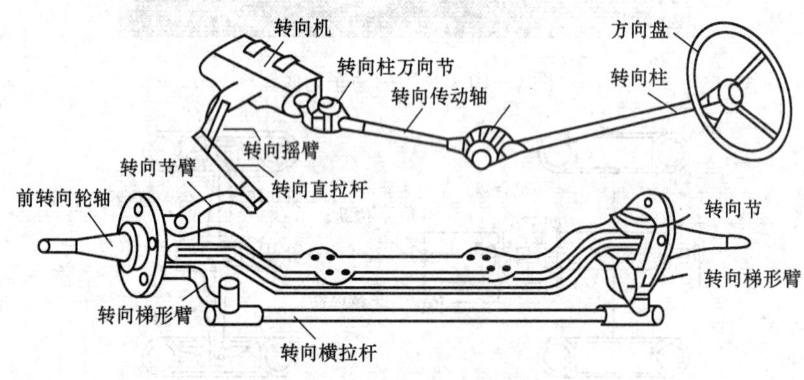

图 1—14　机械转向系统的组成

三轮农用运输车是单轮转向，可使用方向把或方向盘转向。使用方向把存在一定安全问题：当转向轮在车辆高速行驶时，偶遇外力传到方向把，驾驶员无法控制反传的力，会出现方向失控现象。

四轮农用运输车使用的是梯形转向机构，随着道路等级的提高，特别是通乡公路和通村公路的建设，四轮农用运输车多使用可逆转向机，而且现在有向液压助力方向发展的趋势。

3. 制动系统

农用运输车的制动系统早期较简单，特别是三轮农用运输车制动系统使用机械制动系统。随着车速的提高和吨位的增加，目前，三轮农用运输车普遍使用液压制动系统；而四轮农用运输车全部使用液压双管路制动系统，制动性能良好，有的还增加助力装置（如真空助力）。液压制动系统的基本构造如图 1—15 所示。

4. 行驶系统

农用运输车采用轮式行驶系统，其结构特点是通过轮胎直接与地面接触支撑车辆，并通过轮胎的滚动使汽车行驶。无论是三轮农用运输车还是四轮农用运输车，行驶系统一般由车轮、车架、车桥和悬架组成。农用运输车的基本构造如图 1—16 所示。

5. 自动倾卸系统

自动倾卸系统是指通过操纵系统控制活塞杆运动，使车厢可以后向倾翻或侧向倾翻，以后向倾翻方式较普遍。

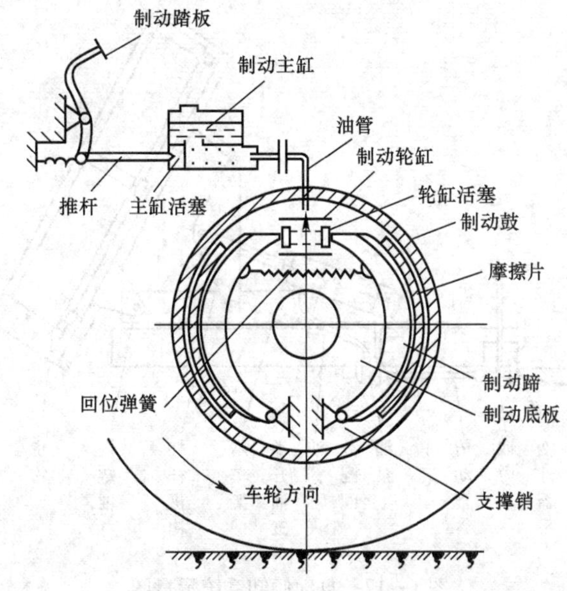

图 1—15　农用运输车液压制动系统

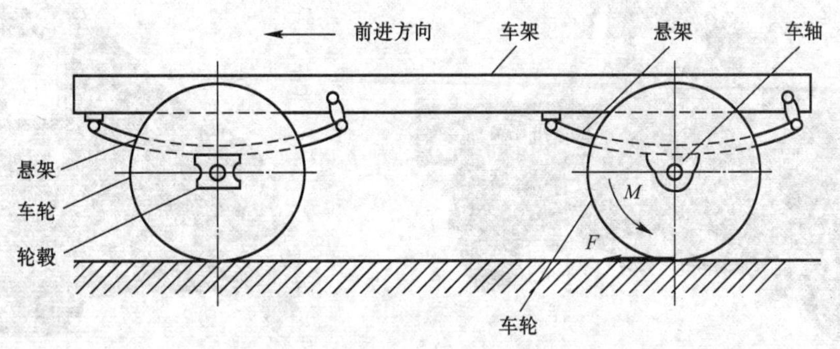

图 1—16　行驶系统的组成

自动倾卸系统主要由倾卸机构、液压驱动系统和附件系统三部分组成。倾卸机构由货箱、副车架、铰链轴和倾斜杠杆机构等组成；液压驱动系统由取力器、传动轴、油泵、管路系统、举升油缸和分配阀等组成；附件系统由安全撑杆、举升限位装置、后厢板自动启闭装置、货箱下落导向板和副车架连接装置等组成。自动倾卸系统如图 1—17 所示。

三、农用运输车的车身

1. 驾驶室

驾驶室用以载运乘员，保护驾驶员的人身安全，也起着保证行车安全作用。驾驶室有固定式（见图 1—18）和前翻转式（见图 1—19），三轮农用运输车的驾驶室都是固定式，四轮农用运输车的驾驶室既有固定式也有前翻转式。

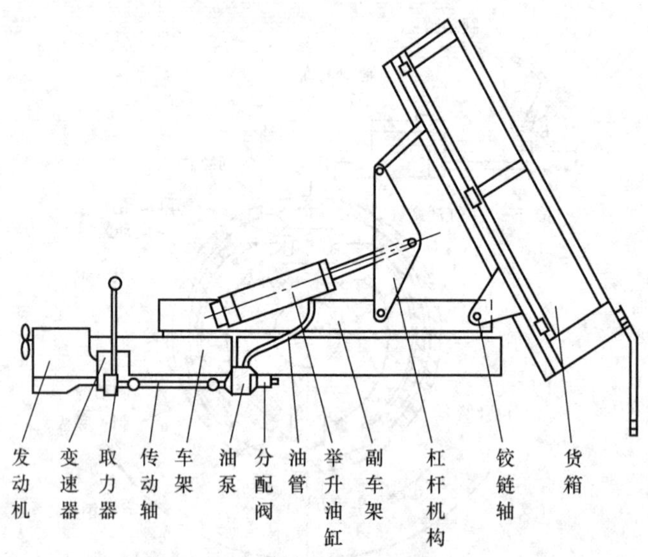

图 1—17　自动倾卸系统示意图

图 1—18　固定式驾驶室

图 1—19　前翻转式驾驶室

2. 车厢

车厢的作用是盛装货物。由于货物形体不同，车厢也有不同形式，常见的有普通松散货物运输用多功能车厢、集装箱车厢、冷藏车厢和自动倾卸专用车厢等，如图 1—20 所示。

四、农用运输车的电气设备

1. 电源系统

农用运输车电源系统由发电机、蓄电池、电压调节器等组成，如图 1—21 所示。

农用运输车有两种电系，一种是 12 V 电系，还有一种是 24 V 电系，现在因发动机功率大、缸数多，多使用 24 V 电系。24 V 电系由两块容量相等的 12 V 蓄电池串联而成。农用运

图 1—20　农用运输车各类车厢

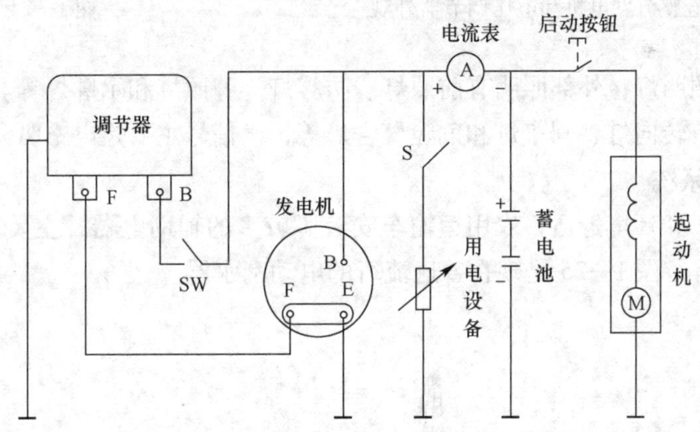

图 1—21　农用运输车电源系统图

输车使用的蓄电池都是铅酸蓄电池，如图 1—22 所示。

农用运输车使用的发电机绝大部分是硅整流发电机，主要作用是发动机起动后向蓄电池和用电设备供电。硅整流发电机和电压调节器如图 1—23 所示。

2. 起动系统

起动系统是以蓄电池为电源，以直流电动机为动力，通过传动机构和控制装置进行工作。直流电动机、传动机构和控制装置装为一体，称为起动机，如图 1—24 所示。

3. 灯光和信号系统

灯光分为内部照明、外部照明，内部照明主要有仪表灯、驾驶室照明灯、杂物箱照明灯

图 1—22　农用运输车用蓄电池外观

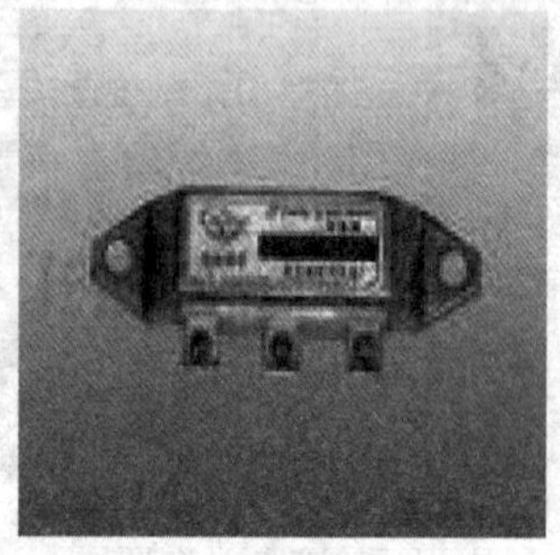

图 1—23　硅整流发电机和电压调节器外观

图 1—24　起动机

和发动机舱照明灯；外部照明有前照灯、防雾灯、牌照灯和示廓灯等。信号有光信号和声信号，光信号有转向灯、刹车灯和危险警告灯等，声信号主要是电喇叭和蜂鸣器。

4. 辅助电气系统

为了安全行车和环境舒适，农用运输车安装了较多的辅助电器，主要有刮水器、空调、GPS 导航和音响等。图 1—25 是现在普遍流行的电动刮水器。

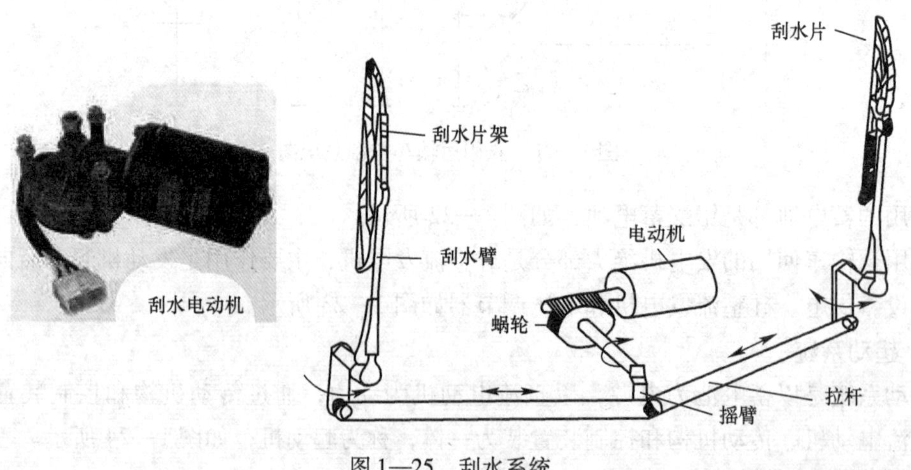

图 1—25　刮水系统

第三节　农用运输车辆的基本工作原理

三轮农用运输车和四轮农用运输车只是在结构上有差异，其工作原理是一样的，都是发动机的动力经传动系统传到驱动轮，驱动轮克服各种阻力使车辆行驶。

一、发动机的工作原理

农用运输车发动机普遍使用往复活塞式四冲程柴油机。四冲程柴油机的工作循环包括进气、压缩、做功和排气四个过程，如图 1—26 所示。

1. 进气行程

活塞连杆在曲轴的带动下，活塞由上止点向下止点运动，此时进气门打开，排气门关闭，当活塞到达下止点时进气门关闭。由进气门进入气缸的是纯净的空气。在柴油机进气行程中，柴油机进气系统阻力小，残余废气温度低，因此，进气行程结束时气缸内压力较高（为 0.085 ~ 0.095 MPa），尽管上一循环留有残余温度，但是因为进入新的冷空气，所以气缸内的温度还是较低（为 37 ~ 67℃）。

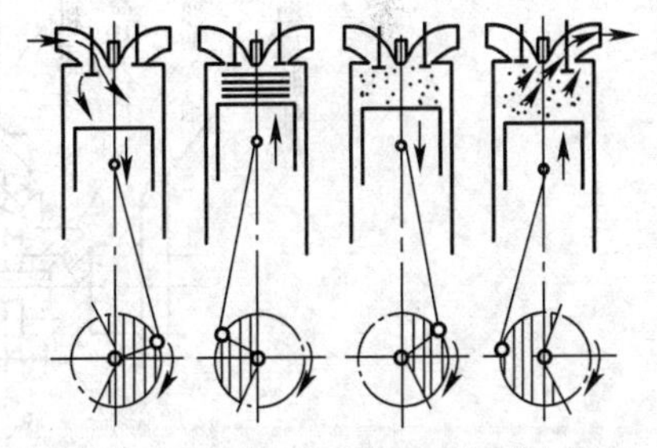

图 1—26　四冲程柴油机工作过程示意图

2. 压缩行程

活塞在惯性力作用下由下止点向上止点运动，进、排气门关闭，此时气缸内压力和温度都在上升，活塞一直运动到上止点，压缩行程结束。因为柴油机的压缩比大，压缩行程终了时气体压力可高达 3 ~ 5 MPa，温度可高达 477 ~ 727℃，柴油的自燃温度为 350 ~ 380℃，这样大大超过柴油的自燃温度，为柴油喷入气缸能够燃烧做好准备。

3. 做功行程

在压缩行程结束时，喷油泵将柴油泵入喷油器，并通过喷油器喷入燃烧室。因为喷油器喷油压力很高且喷油器喷孔直径很小，所以喷出的柴油呈雾状。细微的油滴在炽热的空气中迅速蒸发汽化，并借助于空气的运动，迅速与空气混合形成可燃混合气。由于气缸内的温度远高于柴油的自燃点，因此，柴油随即自行燃烧。燃烧的气体压力、温度迅速升高，体积急剧膨胀。在气体压力的作用下，推动活塞下行做功，活塞由上止点下行到下止点，此时进、排气门均关闭。

4. 排气行程

活塞在做功行程产生的惯性力推动下，由下止点向上止点运动，此时排气门打开，进气门关闭，燃烧的废气在自身压力及活塞的推动下，通过排气门排出气缸外。

二、底盘的工作原理

1. 传动系统的工作原理

（1）离合器。离合器按照需要适时地切断或接合发动机与传动系统之间的动力传递，保证农用运输车辆平稳起步、顺利换挡和防止传动系统过载。离合器的工作原理如下：

1）离合器接合。如图1—27所示，当发动机工作时，飞轮带动离合器主动部分旋转。由于在压紧弹簧的作用下，压盘和从动盘被压紧在飞轮上，使从动盘接合面与飞轮、压盘产生摩擦力矩，并通过从动盘带动变速器输入轴一起旋转，发动机的动力便传给了变速器。

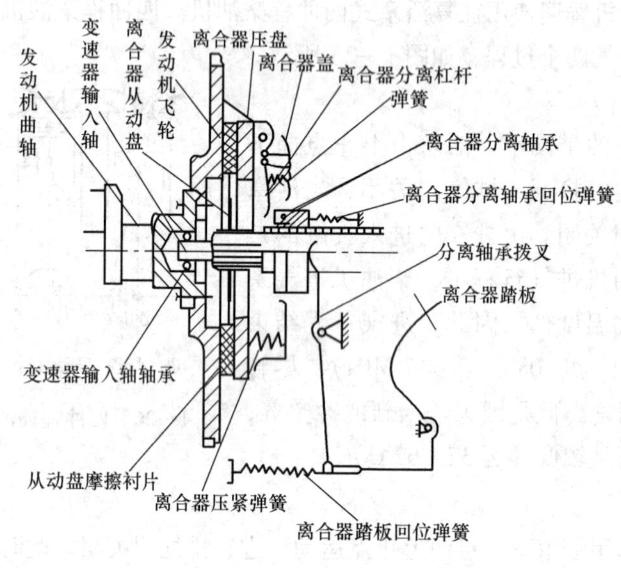

图1—27　离合器的工作原理

2）离合器分离。当离合器踏板被踏下时，通过联动部件使离合器分离轴承前移，压在分离杠杆上，使压盘产生一个向后的拉力，当这个拉力大于压紧弹簧的张力时，从动盘与飞轮、压盘脱离接触，发动机的动力就不再向变速器传递。

（2）变速器。变速器既可以改变发动机输出转速的高低、转矩的大小以及输出的旋转方向，也可以切断发动机向驱动轮的动力传递。变速器的工作原理如下：

农用运输车变速器是基于图1—28所示的基本原理设计制造的。当主动齿轮为小齿轮、从动齿轮为大齿轮时，则是减速；当主动齿轮为大齿轮、从动齿轮为小齿轮时，则是增速。如果在一对外啮合齿轮中，主动齿轮左旋则从动齿轮右旋；如果让从动齿轮与主动齿轮旋向一致，必须在主、从动齿轮之间加一个齿轮。

（3）主减速器与差速器。主减速器的作用是降低转速，增大转矩，改变动力的传递方向；差速器的作用是将主减速器传来的动力分配给左右两个半轴，并允许左右两半轴以不同

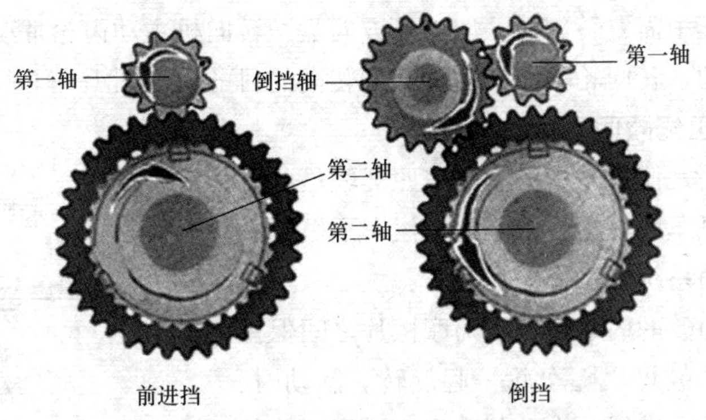

图 1—28 变速器前进挡与倒挡的示意图

角速度旋转，以满足左右两驱动轮在行驶过程中差速的需要。

在农用运输车上普遍使用单级主减速器，如图 1—29 所示。主减速器工作原理如下：

主减速器是一对锥齿轮，主动齿轮是小锥形齿，其轴线与从动齿轮的轴线互相垂直，这样就将动力方向改变 90°。

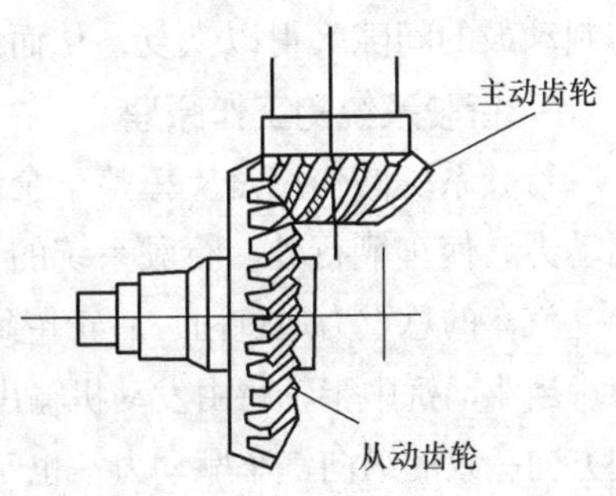

图 1—29 单级主减速器结构原理

主减速器的从动齿轮与差速器外壳用铆钉铆合在一起。当从动齿轮旋转时，差速器壳随之旋转，行星齿轮也旋转，行星齿轮带动左右半轴齿轮旋转。当左右车轮没有受到不平衡阻力时，差速器不起差速作用。一旦左右车轮阻力不等时，行星齿轮与半轴齿轮啮合点在左右侧力不等，行星齿轮除公转还有自转，这时左右车轮转速不等，这就是差速器的工作原理，如图 1—30 所示。

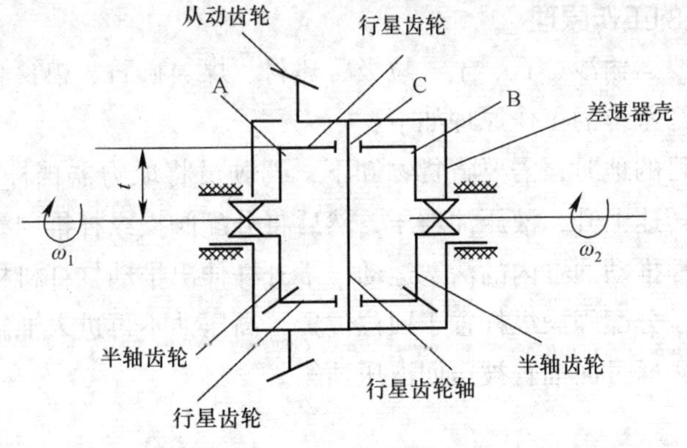

图 1—30 差速器的工作原理

2. 转向系统的工作原理

转向系统的作用是改变和保持车辆的行驶方向。转向系统的工作原理如下：

当驾驶员在行车中需要转向时，向右打方向盘，转向机主动齿轮带动齿条向左运动，推动转向梯形机构运动，转向轮向右偏转，达到转向的目的，如图 1—31 所示。

3. 制动系统的工作原理

制动系统的作用是使行驶中的车辆按照驾驶员的要求进行适时减速、停车或驻车，以及保持汽车下坡行驶速度的稳定性。制动系统的工作原理如下：

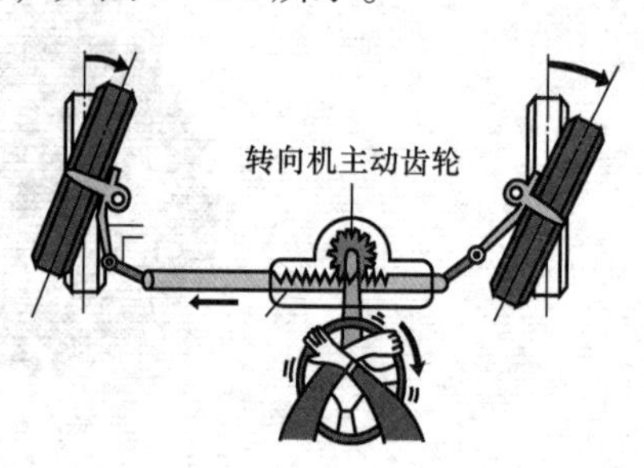

图 1—31　转向原理

不制动时，制动鼓的内摩擦表面与摩擦片之间保留一定的间隙，使制动鼓可以随车轮一起旋转。制动时，驾驶员踩下制动踏板，推杆便推动制动主缸活塞，迫使制动油液经油管进入制动轮缸，油液压力使制动轮缸活塞克服回位弹簧的拉力推动制动蹄绕支撑销转动，上端向外张开，消除制动蹄与制动鼓之间的间隙后压紧在制动鼓上，此时即为制动状态；松开制动踏板，在回位弹簧作用下，制动蹄与制动鼓的间隙又得以恢复，从而解除制动，如图 1—15 所示。

4. 行驶系统的工作原理

行驶系统的作用是支撑整车全部重量，并将发动机的转矩经传动系统传递到驱动轮产生驱动力，使车辆行驶。行驶系统的工作原理如下：

汽车的总重力通过前、后轮传到地面，地面产生分别作用于前轮和后轮垂直向上的反作用力。当驱动桥中半轴将由发动机输出的经传动系统的驱动转矩传到驱动轮上时，产生与汽车行驶方向一致的纵向汽车驱动力，也叫牵引力。其中，一小部分牵引力用以克服驱动轮本身滚动阻力；其余大部分牵引力则依次通过驱动桥壳、后悬架传到车架，用来克服作用于汽车上的空气阻力和坡道阻力；还有一小部分牵引力由车架经过前悬架传到转向桥，作用于自由支撑在转向桥两端转向节上的从动轮，使前轮克服滚动阻力向前滚动。于是，整个汽车向前行驶。

5. 自动倾卸系统的工作原理

自动倾卸系统主要运输沙、石、土、垃圾、建材、煤、矿石、粮食和农产品等散装并可散堆的货物。自动倾卸系统的工作原理如下：

当运输车辆到达目的地时，需要将货物卸下，驾驶员将取力器挡杆挂入动力接合位置，发动机提速，使油泵转速上升，液压油增压，然后将分配阀操纵杆推向举升位置，此时油缸内进入高压油，高压油推动油缸内的活塞运动，举升杆伸出推动杠杆机构运动，货箱便开始倾翻。当需要回落时，分配阀操纵杆置于回位位置，高压油不再进入油缸，油缸内的液压油在车箱的重力作用下，通过回油管被压回液压油箱。

三、电气设备的工作原理

1. 蓄电池的工作原理

蓄电池相当于一个大电容，能够吸纳电路产生的瞬变过电压。当发动机起动时，蓄电池向起动机提供电能；当发电机停转或发电机发出的电压较低时，蓄电池向用电设备供电；当发电机发出的电压高出蓄电池电压时，蓄电池将电能转变为化学能储存起来；当发电机超负荷时，蓄电池协助发电机向用电设备供电。蓄电池的工作原理如下：

（1）蓄电池放电原理。蓄电池接上负载后，在电动势作用下，在电路内产生电流，电子从负极板经过外电路的用电设备流向正极板，在外部电路的电流继续流通时，正极板上的二氧化铅和负极板上的铅将不断转化为硫酸铅，电解液硫酸溶液的密度不断下降，电能就向外输出。

（2）蓄电池充电原理。当充电电源的电压高于蓄电池电动势时，电流从蓄电池正极流入。正、负极板上发生的电化学反应正好与放电过程相反，这样蓄电池电动势又建立起来，电解液硫酸溶液的密度又上升。

2. 发电机的工作原理

发动机工作在正常转速范围内时，向汽车上的用电设备（起动机除外）供电，当蓄电池电量不足时及时向蓄电池供电。发电机的工作原理如下：

当转子磁场旋转时，磁力线与定子绕组之间产生相对运动，因而在三相绕组中产生频率相同、幅值相等、相位互差120°的三相正弦电动势。这三相正弦电动势通过硅二极管组成的整流器转换为直流电。

3. 起动机的工作原理

起动机是将蓄电池提供的电能转变为机械能，由传动机构将机械转矩传到飞轮，带动飞轮旋转，达到起动发动机的目的。起动机的工作原理如下：

如图1—32所示，当需要启动时，启动开关将启动控制电路接通，起动继电器电磁线圈通电，继电器触点被吸合，接线端子有电流通过，电流进入起动机端子，起动机电磁开关吸拉线圈和保持线圈同时得电，活动铁芯在磁场力作用下向前移动，推动接触盘接

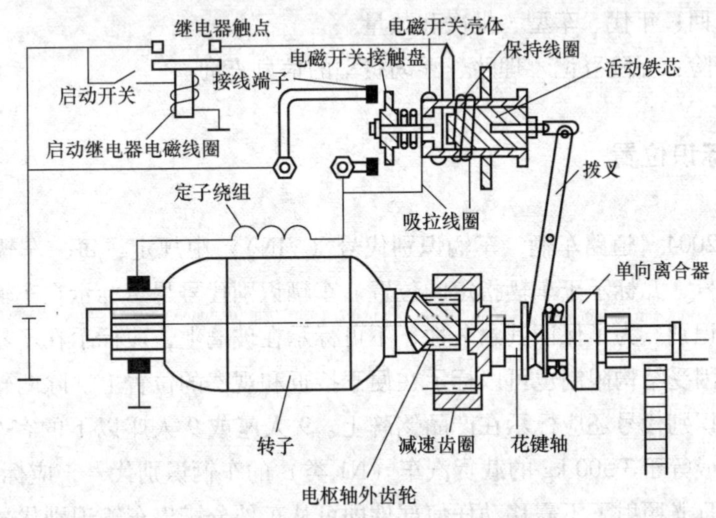

图1—32　起动机的工作原理

通主电路，起动机的电动机开始运转，此时拨叉在活动铁芯的带动下将驱动小齿轮推向飞轮齿圈。

第四节　农用运输车辆的车辆型号识别

一、车辆识别代号

车辆识别代号（Vehicle Identity Number，VIN）是制造厂为了识别出厂的车辆而给其制定的一组字码。由于世界汽车制造厂较多，整台汽车跨区域贸易是十分普遍的，因此，为了确保每一台出厂的车辆不出现代码重复现象，国际标准化组织（ISO）制定了完善的车辆识别代号系列标准。为了进行国际间的交流，发展本国经济，世界各国都开始采用这套车辆识别系统。我国于 2004 年 12 月 1 日起开始实行 VIN 制度，2006 年国家发展和改革委员会（简称国家发改委）要求根据国家有关标准的规定，三轮汽车、低速货车应当实施 VIN 管理。

车辆识别代号（VIN）的作用表现在 7 个方面。

（1）车辆管理：登记注册、信息化管理。

（2）车辆检测：年检和排放检测。

（3）车辆防盗：识别车辆和零部件，建立盗抢数据库。

（4）车辆维修：诊断、电控单元匹配、技术远程升级、配件订购客户关系。

（5）二手车交易：查询车辆历史信息。

（6）汽车召回：年代、车型、批次和数量。

（7）车辆保险：保险登记、理赔、浮动费率的信息查询。

二、识别标识位置

GB 16735—2004《道路车辆　车辆识别代号（VIN）》中规定，每一车辆都必须具有唯一的车辆识别代号，并标示于车辆指定的位置。车辆识别代号尽量标示在车辆右侧的前半部位，目的是易于识别。为了保证其永久性，不可标示在玻璃上，应标示在不易磨损和替换的车辆结构件上。因受结构限制也可以标示在便于接近和观察的位置上。除两轮摩托车和轻便摩托车外，车辆识别代号还应标示在产品铭牌上。9 人座或 9 人座以下的客车（M1 类）和最大总质量小于或等于 3 500 kg 的载货汽车（N1 类）的车辆识别代号，应标示于仪表板上。其目的是在白天日光照射下不需移动任何部件即可从车外分辨出车辆识别代号。我国的车辆识别代号标示在仪表板左侧或挡风玻璃下面。

三、识别代号的固定

车辆识别代号如果不打印在车辆铭牌上，那么单独制作一般固定方式为铆固在不被磨损或不易拆卸的部件上，我国一般固定在驾驶员左侧风挡立柱上或仪表板左前方，用铆钉铆在钣金上或工作台上，还有的直接用钢字打印在发动机或车架上。一般情况下字码高度至少应为7 mm，其他情况下字码高度至少应为4 mm。

四、识别代号的内容要求

1. 识别代号的基本内容

VIN 是正确识别汽车必不可少的信息参数，由 17 位数字和字母组成，因此又称为“汽车 17 位编码”。通过 VIN 可以识别汽车的产地、制造厂商、种类形式、品牌、系列、装载质量、轴距、驱动方式、生产日期、出厂日期；车身及驾驶室的种类、结构、形式；发动机种类、型号及排量；变速器种类、型号以及汽车生产出厂顺序号码等。VIN 中不包含 I、O、Q 3 个大写英文字母，其他的 23 个大写英文字母均可使用，数字使用阿拉伯数字，数字是1 ~ 10 共 10 个，英文字母必须大写。VIN 一般由 4 部分组成，如图 1—33 所示。

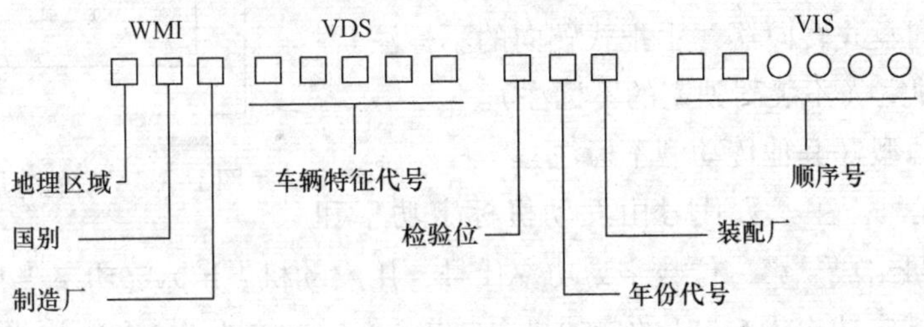

图 1—33　车辆识别代号的基本内容

□代表字母或数字　○代表数字

2. 世界制造厂车辆识别代码

VIN 的第一部分是世界制造厂车辆识别代码（WMI），由第 1 位至第 3 位 3 个字码组成，是为了识别世界上每一个制造厂而指定给该制造厂的一个代号。第 1 位和第 2 位字码组成的双字码块，由国际标准化组织（ISO）的国际代理机构——美国汽车工程师学会（SAE）预先分配给世界各个国家和地区，它能保证国家识别标志的唯一性。我国为 LA ~ LZ 及 L0 ~ L9。第 2 位和第 3 位组成的双字码块，则由 SAE 授权的国家机构指定给制造厂家。

第 1 位字码是标明一个地理区域的字母或数字；第 2 位是标明一个特定地区的一个国家的字母或数字；第 3 位字码是标明某个特定的制造厂的字母或数字。第 1、2、3 位的字码组合能保证制造厂识别标志的唯一性。对于年产量大于500辆的制造厂，WMI由3位字码组成。对于年产量小于500辆的制造厂，VIN的第12至第14位与WMI的3位字码一同表示一个车辆制造厂，VIN的第15位至第17位用来表示生产顺序号。

3. 车辆说明部分

VIN的第二部分是车辆说明部分（VDS），由第4位至第8位5个字码组成，用以说明和反映车辆一般特征，如品牌、种类、系列、车身类型、底盘类型、发动机类型、约束系统、制动系统和额定总质量等。这5个字码由各制造厂自行规定，但是不允许空位和缺位，如果制造厂不用其中的一位或几位字码位置，则应在该位置填入制造厂选定的字母或数字占位。例如，三轮汽车的类别代号为7Y、特征代号为P（方向盘式）等。

农用运输车车辆说明部分由制造厂自行规定，套用JB/T 10197—2000《三轮农用运输车　型号编制规则》、JB/T 7735—1995《四轮农用运输车　型号编制规则》进行填充VIN的第二部分车辆说明部分（VDS）。

（1）JB/T 10197—2000《三轮农用运输车　型号编制规则》关于三轮农用运输车型号编制方法如图1—34所示。

1）类别代号。类别代号为7Y，表示三轮农用运输车。

2）特征代号。特征代号一般用三轮农用运输车主要结构的汉语拼音字母的第一个字母表示。根据三轮农用运输车的结构特点规定：

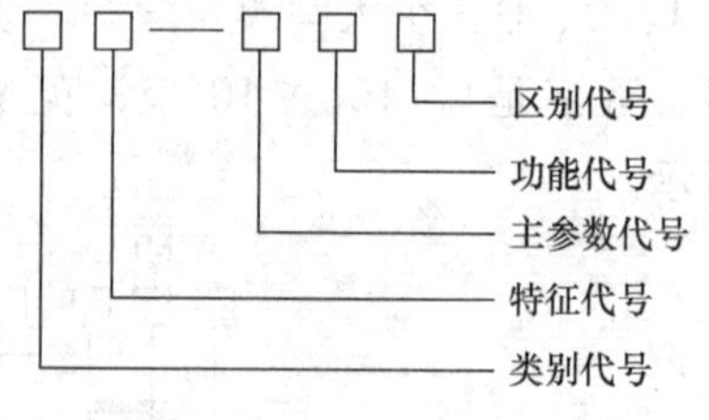

图1—34　三轮农用运输车型号

P表示装方向盘式转向器（手把式转向的不标注）。

J表示装驾驶室（不装驾驶室的不标注）。

Z表示轴传动型（其他传动型不标注）。

3）主参数代号。主参数代号由发动机标定功率和额定载质量的代号组成。第一位数字为功率代号，用发动机1 h标定功率千瓦数接近的整数表示，如5表示标定功率为5 kW的柴油机；6表示标定功率为5.6 kW的柴油机；7表示标定功率为6.5 kW的柴油机；8表示标定功率为7.4 kW的柴油机；9表示标定功率为8.8 kW的柴油机。第二、三位数字表示三轮农用运输车的额定载质量，用千克数的1/10表示，如50表示额定载质量500 kg，75表示额定载质量750 kg。

4）功能代号。功能代号一般用三轮农用运输车的特殊用途或功能的汉语拼音字母表示，规定D为自卸式（非自卸式不标注）。

5）区别代号。区别代号由改进代号和（或）变型代号组成。

三轮农用运输车结构经较大改进后，在原型号后加注字母A，如进行数次改进，则在字母A后从2开始依次加注改进的次数，当原型号末尾为字母时可省略字母A。基本型三轮农用运输车的某些结构形式经改变后，在原型号后应加注变形代号。一般用增加用途或功能的主要特征的汉语拼音字母的第一个字母表示三轮农用运输车。型号示例如图1—35所示。

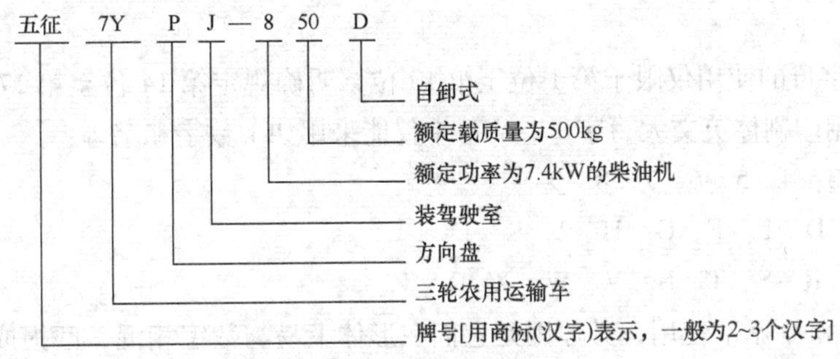

图1—35　三轮农用运输车型号示例

(2) JB/T 7735—1995《四轮农用运输车　型号编制规则》关于四轮农用运输车型号如图1—36所示。

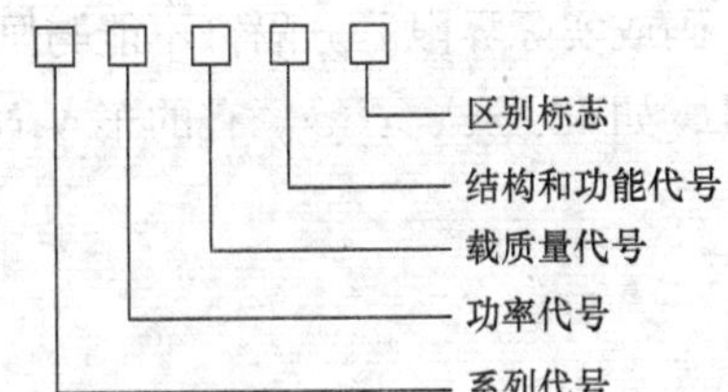

图1—36　四轮农用运输车型号

四轮农用运输车型号由5部分组成，各代号含义如下：

1）系列代号。用汉语拼音字母表示，用以区别不同系列或不同设计的机型。如无必要，系列代号可省略。

2）功率代号。用发动机标定功率千瓦数接近的圆整数表示。

3）载质量代号。用额定载质量千克数的$\frac{1}{10}$接近的圆整数表示。

4）结构和功能代号。用一个或两个大写的汉语拼音字母表示，字母的含义规定如下：C表示长头；D表示自卸式；F表示吸粪；G表示罐式；H表示活鱼；L表示冷藏；P表示一排半座；Q表示清洁；S表示四轮驱动；SS表示洒水；W表示双排座；X表示厢式；K表示客车。无结构代号的均为平头、单排座、两轮驱动、非自卸式低速货车。

5）区别标志。结构经较大改进后，在原型号后加注区别标志，用阿拉伯数字表示。原型号末尾为数字时在区别标志前加一短横线。四轮农用运输车型号示例如图1—37所示。

4. 车辆指示部分（VIS）

由第10至第17位8个字码组成，是表示车辆个性特征的，如制造年份、装配地点和生产顺序号等。其中，第10位为世界统一的年份代码，第11位为装配厂代号，第12位至第17位为某年份某装配厂生产的产品顺序号。

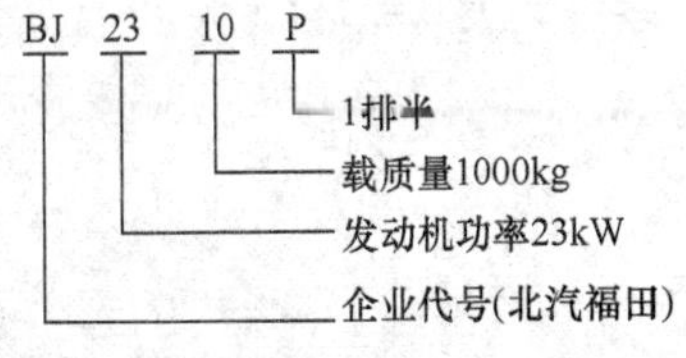

图1—37　四轮农用运输车型号示例

5. 字母

在 VIN 中字母的使用仅限于第 1 位至第 13 位，明确规定第 14 位至第 17 位使用阿拉伯数字。字母使用印刷体英文大写字母，VIN 中仅能采用如下数字和字母：

0 1 2 3 4 5 6 7 8 9

A B C D E F G H J K L

M N P R S T U V W X Y Z

字母 I、O 和 Q 不准使用，其原因是它们在形体上易与数字相混，磨损或污损后不易辨认，给识读带来麻烦。

6. 分隔符

分隔符是一种可以分割 VIN 的各个部分或用以规定 VIN 的界限（开始或终止）的符号、字码或实际界限。分隔符不能与阿拉伯数字或罗马字母混淆。一般常见的分隔符使用图形符号，如※、☆、△等。有的车 VIN 用分隔符，有的不用。

练 习 题

1. 农用运输车有几种？分别是什么？
2. 农用运输车最高设计车速是多少？最大设计总质量是多少？
3. 农用运输车（包括三轮农用运输车和四轮农用运输车）的基本构造是怎样的？
4. 简述农用运输车发动机的基本构造及作用。
5. 简述车身识别代号的作用。
6. 简述车身识别代号的基本内容。

第二章　农用运输车辆的选购

学习目标：

- 掌握车辆的基本选购方法
- 熟悉选购时的注意事项

第一节　农用运输车辆的选购方法及注意事项

农用运输车是我国农村继人力车、畜力车及拖拉机之后的又一现代农业运输工具。农用运输车具有价格低廉、结构简单、使用维护方便、机动灵活和投资回报率高的优点，深受广大农民朋友的喜爱。

农民朋友在选购农用运输车时，应根据自己的经济实力和使用用途，选择安全可靠、性能优良、美观舒适、经济实用的车型。

一、农用运输车辆的选购方法

农用运输车在选购时，主要应从外观和性能两个方面进行检查。

1. 外观检查

（1）车身平整度。车的外表应该没有划痕、起泡；车身钢板、保险杠应平整，不应该出现凹陷、凸起。

（2）车身漆面。仔细察看各处漆面，尤其是一些容易在运输过程中被刮擦的部位。车身表面油漆喷涂质量良好，颜色应该协调、均匀、饱满、平整和光滑，无针孔、麻点、皱皮、鼓泡、流痕和划痕等现象，异色边界应分色清晰，同时还应该确认没有经过补漆。

（3）各零部件的制造质量。主要是检查各连接部位的连接处有无漏焊、夹沙等缺陷，焊点要分布均匀，不能有虚焊、烧穿；各铸件表面应平整无毛刺，无铸造裂纹。

（4）风窗玻璃和车门玻璃。检查玻璃有无损伤和划痕，重点检查前风窗玻璃的视觉效果，风窗玻璃和车门玻璃都应是经表面抛光处理的钢化玻璃。前风窗玻璃必须具有良好的透光性，不能出现气泡、折射率异常的区域；车门玻璃应升降轻快、密封性强和不漏水。

（5）车身装配。检查车门、燃油箱盖、大灯、尾灯、货箱等处的缝隙是否均匀，同邻近位置的车身是否处于同一平面，有无错位等现象。检查各处开启、关闭时是否顺畅，声音是否正常，可以适当多启闭几次。此时，一并检查各处密封条是否完好、均匀、平整；各门把手或开关应轻快灵活、密封严实、锁定可靠；货箱挡板不能有翘曲，挡板上各锁定把手应使用方便、轻快、功能可靠。

（6）轮胎部分。查看轮胎是否完好，是否存在磨损、裂痕和起泡现象，有毛刺表示轮胎没有行驶较长的路。查看轮毂是否干净、完美，没有凹陷、划痕。还应该询问或者实测胎压，保证轮胎处于正常胎压且所有轮胎气压一致（通常出厂的胎压会比较高，为了方便车辆的保存）。轮胎气压符合要求时，在车前察看车身、保险杠等对称部位离地高度应一致。此时，还应该从侧面推、拉轮胎上侧，感觉不松框。

2. 性能检查

性能检查是选购农用运输车时最重要的检查部分，主要是对发动机、底盘、电气设备以及液压系统进行检查。

（1）发动机性能的检查。主要包括对发动机舱内情况和发动机怠速情况的检查。

1）检查发动机舱。打开发动机舱盖，查看发动机及附件有无油污、灰尘，尤其是缸盖与缸体接合处、机油滤清器接口处、空调压缩机、转向助力泵、传动轴等接合缝隙处有无渗漏。检查各种液面（冷却液、发动机机油、制动液、转向助力液、电解液、制冷剂、玻璃水等）是否处于最高和最低刻度线之间的正常值范围内。检查电瓶线是否已经进行可靠固定，不能松动，否则将影响电路的可靠性。

2）检查发动机怠速。发动机点火应该短暂且顺利，起动后发动机转速应平稳，无抖动和杂音。质量较好的发动机只能听到很小的噪声，且噪声不刺耳，同时感觉不到从方向盘、挡把等部位传到车内的抖动。起动一小段时间后，发动机转速表应该维持在一定数值范围内（800～1 200 r/min 左右），指针应该很稳定。过一段时间以后，还应该检查水温表（70～90℃左右）、机油压力表等显示是否正常。

（2）底盘性能的检查。主要包括对制动器、离合器、油门、变速器、方向盘等机构的性能进行检查。

1）检查制动器、离合器和油门。制动器、离合器踏板应该脚感舒适、软硬适中，且行程适当，自由行程不应过长，在整个行程中应该平稳顺畅、无异响异动（此时请保持空挡或驻车挡）。油门只要轻点，发动机应该给予响应，转速应该随着油门稳定的变动。驻车制动行程应该适中，且效果可靠。制动踏板踩到最大力，保持 1 min，踏板不能有缓慢下移现象。低速制动时应该平稳，车身无点头现象；高速制动时应该灵敏、迅速、有力，不跑偏、不侧滑，制动距离符合出厂规定。在有一定坡度的地面上，检查驻车制动装置是否有效、可靠。

2）检查变速器。变速器换挡应轻便灵活，挡位准确，不乱挡、无异响，连续换挡时应该流畅（应该是原地测试挡位，不要松开离合器或者刹车）。

3）方向盘及转向性能。检查方向盘是否转动自如，自由行程是否过大，回轮后位置是否正确。

行驶中转向机构应操纵灵活，做“O”形行驶，检查转弯半径，当车轮转到极限位置时，不应与其他部位有干涉现象（机械式方向助力的不宜把方向打死，可能损毁助力系统）。做“S”形行驶，检查转弯的灵活性。行驶中路遇凹凸不平或碾过石子时，轮胎产生跳动后应有自动回位的效能。以 20 ~ 30 km/h 的速度直行时，手暂时离开方向盘，不应该出现跑偏、侧滑等现象。

（3）电气设备性能的检查。主要包括对照明灯、仪表盘及刮水系统进行检查。

1）照明灯。依次检查各项灯具，如示宽灯、近光灯、远光灯、雾灯、转向灯、刹车灯、倒车灯、高位刹车灯、仪表盘照明、车门灯、阅读灯等，灯光应该明亮、稳定，开关应当可靠。对称安装的灯具的类型、规格、充色及照射高度应一致；变换远近灯光时亮度及照射位置应正确，不偏离、散光；各种灯的安装及光度应符合厂家出厂说明要求。

2）仪表盘。仪表盘是否清楚、各指示灯及转速表、速度表、机油表、水温表、里程表、时钟表、电压表等是否正常。有一些自检灯只在启动时闪几下，启动时请留意。通常有刹车、机油警示、水温异常、灯光、转向等多个指示灯，而其中大部分正常行驶时应该是不亮的，一般当有红色警告灯亮时就应该多注意了。应该注意里程表，对于新车而言，行驶里程越少越好（场内移动过程中也会行驶一部分里程）。

3）刮水系统。各挡位（慢速、间歇、快速）速度是否合理（绝对不要在无水情况下使用刮水器），喷水系统是否工作正常。刮水片扫过玻璃时，应该基本上没有刮玻璃的噪声，且扫水方面没有明显的遗漏。

（4）液压系统性能的检查。检查机油位、液压元件、操纵开关及电磁阀等，是否符合要求、是否紧固以及是否处于原始状态；在起动车辆和车辆运行中检查系统压力、油温、气压、噪声及振动等，看系统压力是否稳定、有无异常、温度是否在 15 ~ 60℃范围内，严禁温度超过 65℃；查看系统有无漏油等现象。

（5）其他部件性能的检查。包括后视镜、空调系统以及随车资料等几方面的内容。

1）检查后视镜、车窗。应该对后视镜、车窗进行逐一检查，在开启、闭合的过程中应该自如、平稳、顺畅，不应该有明显的噪声。后视镜应该视野合理、成像清晰，两侧后视镜及中央后视镜经过调整后应该能够基本覆盖车身后视野。

2）检查空调系统。空调系统出风正常，调整冷热后应该能够在一定时间内吹出冷/热风。调整风口应该可以顺利关闭、开启或者转向指定角度，带风口开度调节的应该同时测试开度。出风口不应该吹出过多污物和异味，且在风量不是很大时，不应该有明显的风声。

3）检查随车资料。包括以下方面：

①购车发票。购车发票是购车时最重要的证明，同时也是汽车上户时的凭证之一，所以在购车时务必向经销商索要购车发票，并要确认其有效性。

②车辆合格证。合格证是汽车另一个重要的凭证，也是汽车上户时必备的证件。只有具有合格证的汽车，才符合国家对机动车装备质量及有关标准的要求。

③三包服务卡。根据有关规定，汽车在一定时间和行驶里程内，若因制造质量问题导致的故障或损坏，凭三包服务卡可以享受厂家的无偿服务，不过像灯泡、橡胶等汽车易损件不包括在内。

④车辆使用说明书。用户必须按照车辆使用说明书的要求合理使用车辆。若不按使用说明书的要求使用而造成的车辆损害，厂家不负责三包。使用说明书同时注明了车辆的主要技术参数和维护调校所必须的技术数据，是修车时的参照文本。

⑤核对铭牌。核对铭牌上的排气量、出厂年月、车架号、发动机号等内容，合格证上的号码必须要与车上的发动机号、车架号一致。

⑥清点随车的工具及备用轮胎。

小常识

三轮农用运输车要在公路上进行运输作业，必须有行驶证和号牌。因此车主在营运前，应根据公安交通管理部门的有关规定，办理牌证领取手续。办理手续前，必须交验购车发票和车辆合格证、附加税手续，并将农用运输车送去初检，经公安车管部门核验和审查合格后，方准领取牌证。

二、农用运输车辆的选购注意事项

在选购农用运输车时，还应注意以下情况：

（1）在选车时，选一个信誉好的品牌很重要。在我国农用运输车已发展 30 多年，技术趋向成熟，大型、股份制及国有企业产品质量比较稳定，购买农用运输车时应着眼于购买服务，选择信誉好、服务及时的企业产品。不能单纯听售价低以及厂家和经销商的宣传。

（2）提车时要证件齐全，要确认所购买的农用运输车是否合格，即检查出厂合格证，注意车辆合格证所有标示与实车是否一致，并且验车时一定要仔细。

（3）如果是贷款购车，应先验车后付款，防止出现先付车款，等到时候提车时发现问题不好退货。

（4）订车时，在签订购车合同时，注意预交的是订金还是定金，订金可退，定金不可退。

（5）验车时注意出厂时间，一般可以在副驾驶室门内侧踏板处找到铭牌，上面标有出厂日期，最好是3个月内的车。

（6）注意选择保险公司。有的4S店和保险公司挂钩，可以直接代为理赔，方便了客户。应尽量选择规模大的保险公司上险，避免出现不能及时理赔的问题。

（7）提车的同时应该办理保险，尽量不要冒险开没有保险的车辆回家，尤其是不能跑长途，外地购车的可以办理短期保险。

（8）不买二手车，尤其是手续不全、长期脱审的旧车，这类车技术状况普遍较差。不要图便宜或方便而购买劣质甚至已报废的农用运输车。因为这类车不但耗油多，而且维修费用大，不仅不会省钱，反而会增加费用，所以购买农用运输车一定要购买合格产品。

第二节　农用运输车辆的购买车型简介

农用运输车根据配置及型号的不同，价格相差也较为悬殊，选购时应根据自我需求进行咨询调查。下面介绍我国生产的主要农用运输车。

一、时风系列农用运输车

时风系列农用运输车产自山东时风集团，时风农用三轮车包括巨星Ⅱ号排半、巨星Ⅱ号单排、梦之星把式、梦之星双座系列、梦之星全封单排系列、微型系列三轮车、华乐半封系列、华乐全封单排系列、高尔夫双座半封系列、凯乐双座半封系列、凯乐全封单排系列、凯瑞半封系列、凯瑞全封系列、新乡村高尔夫半封系列、新乡村高尔夫全封系列、摩托三轮哈雷车型等型号。低速载货汽车主要有风顺Ⅰ系列低速载货汽车、华星系列车型、风菱单缸低速货车、时风矿用车系列、时风天王星系列车型、时风福星系列车型和智星系列车型等。

主要推荐的三轮汽车如图2—1所示，具体参数见表2—1；低速货车如图2—2所示，具体参数见表2—2。

7YPJ—1750D2农用自卸三轮汽车

7Y—1150 三轮汽车

7YP—730A22 三轮汽车

图2—1　时风三轮汽车推荐车型

表 2—1　　时风三轮汽车推荐车型主要参数

主要参类	产品名称及型号		
	7YPJ—1750D2 农用自卸三轮汽车	7Y—1150 三轮汽车	7YP—730A22 三轮汽车
燃料种类	柴油	柴油	柴油
总质量（kg）	1 770	1 385	1 015
整备质量（kg）	1 140	820	585
额定载质量（kg）	500	500	300
接近角/离去角（°）	30	32	31
前悬/后悬（mm）	1 195	1 050	965
最高车速（km/h）	49.8	48	40.3
转向形式	方向盘	手把式	手把式

SF2810F1 低速货车

SF4010PD22 自卸低速货车

SF4815P1F3 低速货车

图 2—2　时风低速货车推荐车型

表 2—2　　时风低速货车推荐车型主要参数

主要参类	产品名称及型号		
	SF2810F1 低速货车	SF4010PD22 自卸低速货车	SF4815P1F3 低速货车
燃料种类	柴油	柴油	柴油
总质量（kg）	2 740	3 150	3 895
整备质量（kg）	1 620	2 030	2 210
额定载质量（kg）	990	990	1 490
接近角/离去角（°）	18/24	26/22	20/18
前悬/后悬（mm）	1 220	1 400	1 620
最高车速（km/h）	67.6	67.6	64.9
转向形式	方向盘	方向盘	方向盘

二、五征系列农用运输车

山东五征农用车有限公司自 1984 年生产农用运输车以来，产品现已形成手把式三轮农用运输车、全封闭方向盘式三轮农用运输车、四轮农用运输车和汽油正三轮摩托车四大系列80多个品种。五征农用三轮车包括神州虎农用车、奥翔三轮汽车农用车、吉祥虎农用车、吉祥虎加重半封闭农用车、中华虎系列农用车、电动货运三轮车、金牌鸿福农用车、金牌大帅虎自卸车农用车等。低速载货汽车主要有奥驰2000载货汽车、“福瑞莱”载货汽车等。

主要推荐的三轮汽车如图2—3所示，具体参数见表2—3；低速货车如图2—4所示，具体参数见表2—4。

7YPJ—1450PDA2型自卸三轮汽车

7YPJZ—1450P型三轮汽车

7Y-1150—3型三轮汽车

图2—3　五征三轮汽车推荐车型

表2—3　　五征三轮汽车推荐车型主要参数

主要参类	产品名称及型号		
	7YPJ—1450PDA2型 自卸三轮汽车	7YPJZ—1450P型 三轮汽车	7Y—1150—3型 三轮汽车
燃料种类	柴油	柴油	柴油
总质量（kg）	1 745	2 150	1 305
整备质量（kg）	1 125	1 540	760
额定载质量（kg）	490	480	480
接近角/离去角（°）	32	30	32
前悬/后悬（mm）	1 140	1 510	840
最高车速（km/h）	48.4	48.6	44.5
转向形式	方向盘	方向盘	手把式

WL5820PD2型自卸低速货车

WL4015D1型自卸低速货车

WL2810PD1型自卸低速货车

图2—4　五征低速货车推荐车型

表 2—4　五征低速货车推荐车型主要参数

主要参类	产品名称及型号		
	WL5820PD2 型 自卸低速货车	WL4015D1 型 自卸低速货车	WL2810PD1 型 自卸低速货车
燃料种类	柴油	柴油	柴油
总质量（kg）	4 500	4 390	3 330
整备质量（kg）	2 720	2 650	2 100
额定载质量（kg）	1 650	1 610	1 100
接近角/离去角（°）	24/27	25/22	34/27
前悬/后悬（mm）	1 410	1 300	1 250
最高车速（km/h）	67.9	67.9	69.2
转向形式	方向盘	方向盘	方向盘

三、跃进系列农用运输车

江苏跃进农用车有限公司主营产品有自卸车、平板车、改装车等。主要推荐的低速货车如图 2—5 所示，具体参数见表 2—5。

跃进牌NJ5815PD2型自卸低速货车

宏运牌HY5815PD型自卸低速货车

跃进牌NJ2310D1型自卸低速货车

图 2—5　跃进系列低速货车推荐车型

表 2—5　跃进低速货车推荐车型主要参数

主要参类	产品名称及型号		
	跃进牌 NJ5815PD2 型 自卸低速货车	宏运牌 HY5815PD 型 自卸低速货车	跃进牌 NJ2310D1 型 自卸低速货车
燃料种类	柴油	柴油	柴油
总质量（kg）	4 425	4 295	3 130
整备质量（kg）	2 680	2 600	2 010
额定载质量（kg）	1 550	1 500	990
接近角/离去角（°）	29/26	25/42	17/30
前悬/后悬（mm）	1 560	1 480	1 250
最高车速（km/h）	69.7	68.4	69.2
转向形式	方向盘	方向盘	方向盘

四、巨力系列农用运输车

山东巨力集团有限公司是国家定点生产农用运输车的骨干企业，现有职工 7 500 人，是一个总资产 11 亿元的大型企业集团，公司先后跨入了“全国机械工业百家最大企业”和“中国 500 家最大工业企业”。10 多年来，开发了近 700 个机械品种以适应不同层次、不同地区、不同用途的需求，现已形成三轮农用运输车年产量 60 万辆，四轮农用运输车年产量 5 万辆的生产能力。

主要推荐的三轮汽车如图 2—6 所示，具体参数见表 2—6；低速货车如图 2—7 所示，具体参数见表 2—7。

7YPJZ—1675型三轮汽车

7YPJ—1450PD型自卸三轮汽车

7Y—1150D4型自卸三轮汽车

图 2—6　巨力三轮汽车推荐车型

表 2—6　　巨力三轮汽车推荐车型主要参数

主要参类	产品名称及型号		
	7YPJZ—1675 型 三轮汽车	7YPJ—1450PD 型 自卸三轮汽车	7Y—1150D4 型 自卸三轮汽车
燃料种类	柴油	柴油	柴油
总质量（kg）	1 950	1 950	1 345
整备质量（kg）	750	1 320	780
额定载质量（kg）	490	500	500
接近角/离去角（°）	34	37. 5	47
前悬/后悬（mm）	1 190	1 130	780
最高车速（km/h）	49. 97	43. 4	47. 9
转向形式	方向盘	方向盘	手把式

WJ2810D型自卸低速货车

WJ1610D型自卸低速货车

WJ1410VD1型自卸低速货车

图2—7　巨力低速货车推荐车型

表2—7　　巨力低速货车推荐车型主要参数

主要参类	产品名称及型号		
	WJ2810D 型 自卸低速货车	WJ1610D 型 自卸低速货车	WJ1410VD1 型 自卸低速货车
燃料种类	柴油	柴油	柴油
总质量（kg）	2 970	2 630	2 450
整备质量（kg）	1 840	1 500	1 320
额定载质量（kg）	1 000	1 000	1 000
接近角/离去角（°）	33/42	31/36	32/40
前悬/后悬（mm）	1 055	1 115	1 060
最高车速（km/h）	64.6	58.9	55.73
转向形式	方向盘	方向盘	方向盘

五、常柴系列农用运输车

常柴牌农用运输车和轻型载货汽车是常柴集团常州车辆有限公司最新研制开发的产品，现有单排、排半、双排、自卸等20多种车型。

主要推荐的三轮汽车如图2—8所示，具体参数见表2—8；低速货车如图2—9所示，具体参数见表2—9。

7YP—1150D型自卸三轮汽车

7YPJZ—1675型三轮汽车

7Y—1150A型三轮汽车

图2—8　常柴三轮汽车推荐车型

表 2—8　　常柴三轮汽车推荐车型主要参数

主要参类	产品名称及型号		
	7YP—1150D 型 自卸三轮汽车	7YPJZ—1675 型 三轮汽车	7Y—1150A 型 三轮汽车
燃料种类	柴油	柴油	柴油
总质量（kg）	1 530	1 990	1 395
整备质量（kg）	900	1 110	830
额定载质量（kg）	500	750	500
接近角/离去角（°）	31	27	40
前悬/后悬（mm）	1 160	1 100	930
最高车速（km/h）	45.4	47.3	46.5
转向形式	方向盘	方向盘	手把式

LZC5820PD型自卸低速货车

LZC5820CD型自卸低速货车

LZC4010PD1型自卸低速货车

图 2—9　常柴低速货车推荐车型

表 2—9　　常柴低速货车推荐车型主要参数

主要参类	产品名称及型号		
	LZC5820PD 型 自卸低速货车	LZC5820CD 型 自卸低速货车	LZC4010PD1 型 自卸低速货车
燃料种类	柴油	柴油	柴油
总质量（kg）	4 495	4 495	3 145
整备质量（kg）	2 500	2 500	1 950
额定载质量（kg）	1 800	1 800	1 000
接近角/离去角（°）	33/23	34/21	25/33
前悬/后悬（mm）	1 440	1 440	1 300
最高车速（km/h）	68.5	65.7	65.7
转向形式	方向盘	方向盘	方向盘

六、东风神宇农用运输车

东风神宇车辆有限公司成立于1998年，主要生产东风牌系列中轻型载货汽车、东风神宇牌系列载货汽车与低速货车。

主要推荐的低速货车如图2—10所示，具体参数见表2—10。

DFA5815CD型自卸低速货车

DFA4015D型自卸低速货车

DFA2810PDAY型自卸低速货车

图2—10　神宇低速货车推荐车型

表2—10　　神宇低速货车推荐车型主要参数

主要参类	产品名称及型号		
	DFA5815CD型 自卸低速货车	DFA4015D型 自卸低速货车	DFA2810PDAY型 自卸低速货车
燃料种类	柴油	柴油	柴油
总质量（kg）	4 185	3 830	3 325
整备质量（kg）	2 500	2 200	2 140
额定载质量（kg）	1 490	1 500	990
接近角/离去角（°）	30/22	30/21	28/27
前悬/后悬（mm）	1 420	1 370	1 470，1 600
最高车速（km/h）	64.5	69.1	64.4
转向形式	方向盘	方向盘	方向盘

练　习　题

1. 农用运输车在选购时进行外观检查的项目有哪些？具体的方法是什么？
2. 农用运输车在选购时进行性能检查的项目有哪些？具体的方法是什么？
3. 农用运输车辆在选购时有哪些注意事项？

第三章　农用运输车辆的使用

学习目标：

- 了解农用运输车驾驶证申办与变更的手续
- 掌握农用运输车的驾驶操作基本技术
- 掌握农用运输车的安全驾驶基本原则
- 掌握在不同情况下农用运输车驾驶方法
- 能独自处理驾驶过程中的紧急情况

第一节　农用运输车辆驾驶证的办理

农用运输车驾驶员必须经过专门训练，并且取得驾驶证件，才可以驾驶车辆，并且农用运输车须按时接受审验，才能允许上路行驶。

驾驶执照即机动车驾驶证，是公安车管部门发给驾驶员的一种技术证书，证明持证人具有驾驶该类型机动车的法定资格。未考取驾驶证的人，不准驾驶任何机动车辆。机动车驾驶证分为中华人民共和国机动车驾驶证和中华人民共和国机动车学习驾驶证。

一、申领学习驾驶证

年龄在18周岁以上、60周岁以下，在县级以上医院进行体检，身体条件合格的公民凭居民身份证可以到当地车管部门办理学习驾驶证手续。

学习驾驶员只能在教练指导下，在指定的场地学习驾驶机动车辆。

二、考取正式驾驶证

驾驶员学习期满后参加考试，经交管部门审查和考试合格后，发放正式驾驶证，即成为正式驾驶员。

在机动车驾驶员考试办法中规定：考试科目的顺序按照道路交通安全法律、法规和相关知识考试科目（以下简称“科目一”）、场地驾驶技能考试科目（以下简称“科目二”）和道路驾驶技能考试科目（以下简称“科目三”）依次进行，前一科目合格后再进行后一科目的考试。

科目一：考现行道路交通管理法规和规章，异常气候、复杂道路、危险情况时的安全驾驶知识，简单的伤员救急和危险物品运输知识，所考车辆的总体构造与主要装置的作用，车辆日常检查、保养、使用知识，常见故障的判断方法、紧急情况的处理知识。

科目二：考在设有障碍的场地驾驶车辆的能力。考试项目包括桩考、坡道定点停车和起步、侧方停车、通过单边桥、曲线行驶、直角转弯、限速通过限宽门、通过连续障碍、百米加减挡、起伏路行驶。

科目三：考在实际道路上正确操纵机动车的能力；遵守交通法规的程度；驾驶姿势及观察、判断、预见能力及综合控制车辆的能力。基本项目包括上车准备、起步、直线行驶、变更车道、通过路口、靠边停车、通过人行横道线、通过学校区域、通过公共汽车站、会车、超车、掉头、夜间行驶。

申请人考试科目一、科目二和科目三均合格后，车辆管理所核发机动车驾驶证。每个科目考试一次，可以补考一次，补考仍然不合格的，本科目考试终止。申请人可以重新申请考试，但科目二、科目三的考试日期应当在20日后预约。

机动车驾驶证全国有效，并有准驾车型代号。正式驾驶员只能驾驶核准类型的机动车辆，例如，持准驾车型C3驾驶证的，既可以驾驶四轮农用运输车，还可以驾驶三轮农用运输车。具体的准驾车型及代号见表3—1。

表3—1　　准驾车型及代号

准驾车型	代号	准驾的车辆	准予驾驶的其他准驾车型
大型客车	A1	大型载客汽车	A3、B1、B2、C1、C2、C3、C4、M
牵引车	A2	重型、中型全挂、半挂汽车列车	B1、B2、C1、C2、C3、C4、M
城市公交车	A3	核载10人以上的城市公共汽车	C1、C2、C3、C4
中型客车	B1	中型载客汽车（含核载10人以上、19人以下的城市公共汽车）	C1、C2、C3、C4、M
大型货车	B2	重型、中型载货汽车；大、重、中型专项作业车	C1、C2、C3、C4、M
小型汽车	C1	小型、微型载客汽车以及轻型、微型载货汽车；轻、小、微型专项作业车	C2、C3、C4
小型自动挡汽车	C2	小型、微型自动挡载客汽车以及轻型、微型自动挡载货汽车	
低速载货汽车	C3	低速载货汽车（原四轮农用运输车）	C4
三轮汽车	C4	三轮汽车（原三轮农用运输车）	
残疾人专用小型自动挡载客汽车	C5	残疾人专用小型、微型自动挡载客汽车（只允许右下肢或者双下肢残疾人驾驶）	

续表

准驾车型	代号	准驾的车辆	准予驾驶的其他准驾车型
普通三轮摩托车	D	发动机排气量大于 50 mL 或者最大设计车速大于 50 km/h 的三轮摩托车	E、F
普通二轮摩托车	E	发动机排气量大于 50 mL 或者最大设计车速大于 50 km/h 的二轮摩托车	F
轻便摩托车	F	发动机排气量小于等于 50 mL 或者最大设计车速小于等于 50 km/h 的摩托车	
轮式自行机械车	M	轮式自行机械车	
无轨电车	N	无轨电车	
有轨电车	P	有轨电车	

三、机动车驾驶证的年审与换证

驾驶证有效期为 6 年。在驾驶证有效期满时，应及时换领新的驾驶证。机动车驾驶员在办理换证手续时，必须提交以下证明、凭证：

（1）《机动车驾驶员审验换证申请表》并经体检合格。

（2）有效的机动车驾驶人居民身份证件。

（3）机动车驾驶证。

（4）近期免冠照片两张。

对于持证人发生交通事故或违章的，实行记分管理，并在驾驶证或驾驶资料上记录。对超过违章次数记录规定的，依法分别进行交通法规教育、考试和处罚。

对机动车驾驶证遗失、损毁，应当向原发证机关书面申报原因并登报声明，30 天后，由车辆管理所审核补发新证。

第二节　农用运输车辆的基础驾驶技术

在农用运输车的使用中，驾驶技术直接影响到车辆使用的安全性及经济性。掌握正确的驾驶操作技术，不仅可以显著地降低油耗，而且可以防止机件磨损过快和延长车辆的使用寿命，既减轻了经济负担，又增强了行驶的安全性能。

一、车辆发动与起步

采用正确的车辆起动方法，不但可以取得较好的节能效果，而且可以减少车辆发动机各部件的磨损，并延长车辆的使用寿命。

1. 车辆起动前的预润滑

车辆在放置或停驶一段时间后，发动机润滑系统的机油大部分会回流到发动机的曲轴箱内。这时如果直接起动发动机，会使发动机内曲轴、气缸壁等工作部件在缺油状态下运行。尤其是在冬季，机油要在2 min后才能到达曲轴。在这段时间内，发动机内部各运转部件会发生干摩擦，造成机件的磨损。因此，车辆在起步前要先行摇车泵油，使机油布满发动机各运转部件表面后，再起动车辆。摇车泵油的方法是：先将车辆下方的减压手柄扳到减压位置，将起动摇把穿入摇把孔中，摇转曲轴，使发动机的喷油器先行向发动机内各部件喷油，将发动机内各运转部件润滑。摇车泵油后，将油门置于中间位置，即可起动发动机了。

操作指南

曲轴摇转的圈数可根据车辆放置的时间和当时的温度而定。车辆停驶时间短、环境温度高，可少摇几圈；车辆停驶时间长、环境温度低，可多摇几圈。根据条件不同，曲轴的摇转圈数可在10～30圈之间选择。

2. 发动机起动后的预热

发动机起动后是不是马上就可以起步行车了呢？那还不行。因为刚起动的发动机温度比较低，此时机油黏度较大，如使发动机立刻进入高速运转状态，不但会造成发动机机件磨损，还会使燃油燃烧不完全，造成油耗增高，因此，在发动机起动后，需立刻关小油门，使发动机怠速运转，预热机器。在一般情况下，在发动机水温升高到60℃左右时，就可以起步行车了。

小常识

在水温升高到60℃以后，就不要过长时间的怠速运转了，这样做不仅会浪费燃油，而且排放的有害气体比中、高速要多，现在提倡低速运行升温。

二、经济载重及经济车速

在车辆使用说明书上都会标有最大载质量及经济车速。只有在标准载质量和经济车速下行驶，才能够最大限度地发挥车辆的节能效果，并做到安全驾驶，防止事故的发生。

农用运输车载货量的多少，对农用运输车的油耗影响很大，当车辆载货量过少时，发动机负载降低，每千米油耗数将减少。但由于车辆不是满载，如果折算成吨千米油耗，每吨千米的耗油量反而会增加。也就是说过于轻载时，单位油耗是增大的，这样运输也很不合算，所以应该避免空载或轻载。但是如果车辆在超负载的情况下行驶，车辆发动机必然超负荷运转，不但使单位油耗量大大增加，加速机件磨损，同时也会存在不安全的隐患。因此，在使用农用运输车时，也不要超负载运载。

小常识

在国家标准中，特别规定了四轮农用车最大设计总质量（包括装载质量）不大于4 500 kg；三轮农用运输车最大设计总质量（包括装载质量）不大于2 000 kg。

经济车速是农用运输车生产厂家在维持车辆油耗最低状态下确定的车速。如果可以按照车辆使用说明书的要求，把车辆行驶的速度控制在经济车速，就能够减小油耗。在车速过低时，发动机输出功率过小，功率利用率降低，油耗增加；在车速过高时，发动机的摩擦因数迅速增加，油耗也会增加。因此，农用运输车在驾驶中尽量在经济车速的范围内运行。

小常识

在国家标准中，特别规定了四轮农用车最高设计车速小于70 km/h；三轮农用运输车最高设计车速不大于50 km/h。经济车速为最高车速的80%左右。

三、油门控制

1. 车辆加速时油门的控制

有些农民朋友在驾驶农用运输车时，心情急躁，总想多拉快跑。一旦需要车辆加速时，猛踏油门踏板，使车辆快速起步；而在行驶中，前方遇到紧急情况时，不是提前缓慢减速，而是急松油门踏板，猛踏刹车踏板。这种操作方法不但会增加油耗，还会增加机械磨损，增加安全隐患，这在驾驶中都是应该避免的。如果急速加大油门起步，进入发动机气缸的燃油增加，进气量相对减少，使发动机在多耗油的情况下不但不能发挥应有的作用，还会产生排气管冒黑烟的现象。根据实验，紧急起步比正常起步要多耗油10%～20%。当油门踏板踏下速度过慢时，加速时间过分延长，对节能驾驶也不利。正确控制油门方法是：加速时轻踏油门踏板，随着发动机转数的提高，而逐步加大油门，使运输车逐步提速。

2. 熄火的正确操作

有些驾驶员在发动车辆后和收车关闭电源前，经常猛踩几下油门踏板。这是一种很不好的习惯，不但浪费燃油，还会加速机件的磨损。正确的收车方法是：在怠速的状态下，关闭电路，使车辆自动熄火。

3. 离合器和油门的配合

离合器和油门的配合使用对油耗有一定的影响，这对于新学会驾驶农用运输车的驾驶员来说有一定难度。在运输车起步或换挡时，如果离合器还未开始接合，就猛踩油门踏板，发动机这时还在空载情况下高速运转，既浪费了燃油，又加速了离合器的磨损。因此，在车辆起步或加速换挡时，应轻抬离合器踏板，在感觉到离合器踏板开始接触时再慢踏油门踏板，逐渐起步或加速。

操作指南

由于车辆载质量的不同，起步时油门踏的程度也是不同的：车辆载质量小时，起步可以用小油门；车辆满载时，起步可以用中油门；一般不要使用大油门起步。

4. 行驶途中的加速换挡

如果车辆在行驶中需加速换挡，不要猛踏油门踏板，使车辆突然加速。这样操作造成车辆行驶中的顿挫感，而且也浪费燃油。正确的操作方法是：继续轻轻踏下油门踏板，使车速提高到高一级挡位的车速下限时，换入高挡。

四、挡位选用

1. 高挡位行驶

一般来说，在发动机转数一定的情况下，农用运输车的挡位越高，车速越快，油耗越低。因此，只要道路状况允许，就要使用高挡位行驶。在换挡时，要注意动作迅速、准确、平稳，尽快将挡位换到目标挡位，避免在中间过渡挡位所用时间过长，增加油耗。

2. 随时调整油门大小或挡位，保持经济车速

有些农民朋友在驾驶农用运输车时，也不管路况如何，就将油门踏板踏到一个固定的程度，这种操作方法不仅增加了油耗，也不安全。正确的驾驶方法是：根据路况、气候、车辆装载等因素，随时调整油门的开度。

如在某一高挡位行车时，因风向、路况等原因车速加快超过经济车速，应及时抬起油门踏板，关小油门，使之运行在经济车速之内。如果车速降低时，应慢慢踏下油门踏板，加大油门，使车速提升到经济车速范围内。

但在某种情况下，比如上坡时，加大油门车速仍然达不到经济车速。这表明由于上坡时阻力增大，已不适合在这个挡位行驶，应立即换入低一级挡位，进行爬坡行驶。

3. 掌握适当的换挡时机

换挡的时机对油耗也有一定的影响。如果车速还较低时，就勉强换入高一级挡位行驶，这时发动机功率变小，需要较大的油门开度，才能稳定车速，耗油量必然增加；而车速过高时，迟迟不换入高一级挡位，发动机在低一级挡位长期运行，耗油量也会增加。

4. 颠簸路面油门的控制

如果农用运输车在田间颠簸的道路上行驶，就不必使用常规的经济车速和换挡方法，应采用与路面情况所适应的车速，提前选择好挡位，在驾驶中尽量不换挡，仅仅对油门进行合理控制，就可安全通过。

五、停车基本技术

1. 停车基本规则

（1）等信号停车。1 min 以上的等信号停车，应该熄火，这样做既节油又环保；1 min 以内等信号停车，可以不熄火、空挡、拉驻车制动，但是千万不能带挡。

（2）路边暂停要打转向灯。在路边暂时停车时，一定要提前打开转向灯，并且观察后视镜，确定没车、没行人时再靠停。停车地点必须是允许停车的，又不影响其他车辆和行人通行。

（3）路边起步要打转向灯。靠路边暂停后又要起步时，要全面观察路况。不仅看后视镜，还要转过头看。一切正常后，打开转向灯，鸣笛、上路。

2. 停车技巧

（1）路边顺向停车技巧。路边顺向只有一个车位时，只能选择倒车入位。方法是向前开，让自己的车尾与前车尾对齐，两车相距 1 m，停车；原地往右打足方向盘，成 45°角慢退；当自己车头与前车车尾成一直线时，迅速将方向盘向反方向打足，慢退，车就基本能停好了。

（2）路边横向停车技巧。车向前开到自己的车尾与右边汽车车头的右侧成一直线，两车相距 1.5 m。原地向右打足方向盘，慢退。当车尾进入档口后，快速回正方向盘，并且迅速观察左右两个后视镜，调整车的左右距离。以两侧的车或地面画线为参照，摆正方向，退到停车位。

（3）上坡路边停车。如果路边有路沿，将车驶近路沿，前轮向左打一定角度，让右前轮后部接近或紧靠路沿，防止汽车沿坡倒滑，然后停车、熄火、挂 1 挡，拉紧驻车制动。如果路边没有路沿，将前轮向右打一个比较大的角度，避免汽车沿坡倒滑后驶入道路中央。如果路边有可用的砖石，可挡在轮下做路障，离开时别忘了放回原处。

（4）下坡路边停车。如果路边有路沿，将车驶近路沿，将前轮向右打一定角度，让右前轮前部接近或紧靠路沿，防止汽车沿坡顺滑，然后停车、熄火、挂倒挡，拉紧驻车制动。如果路边没有路沿，也将前轮向右打一个比较大的角度，避免汽车沿坡顺滑后驶入道路中央。如果路边有可用的砖石，可挡在轮下做路障，离开时别忘了放回原处。

（5）路上暂停时不要跟前车太近。堵车或等信号灯停车时，至少要留出方向盘可以一把掰出去的距离，以防前车有故障，自己被夹在中间出不来。

六、倒车基本技术

1. 倒车技巧

倒车时尽量选择从左侧倒入（在条件许可的情况下）。左侧便于驾驶员观察，在倒车过程中，要先看后面，然后再注意两侧的后视镜。右侧的横向距离要比左侧大些。因为前轮的转弯半径比后轮转弯半径大，倒车时车头会向外甩，不注意这点右侧很容易刮擦。倒车中速度以怠速为主，及时修正车身。每辆车的参照点不一样，打方向的时机就不一样，这是要注意的。

有时会沿路肩直线停车，经常要倒入已停好的两车之间的位置。这种倒车难度大，最好有人在一旁指挥着。倒入时要注意与相邻车的横向距离。从后视镜中看到车尾快到路肩时迅速把方向打足，等车身一正就赶快回方向，倒车时别忘了与后面的车距。把握不好时就下车察看一下车距再倒车。在倒车过程中打方向的速度要快，以便短时间内把车身放正。有时一次前进、倒退可能放不正车身，需要反复多次才能把车停好。

2. 倒车注意事项

要目测车位的宽度，后面有没有障碍物，两侧是不是有车停放，长度是否符合自身车型。晚上看不清时最好下车观察一下准确位置后再倒车。

倒车时，尽量把车头朝向视线开阔又有回旋空间的地方，以便于观察动态的人或车。不要在交通规则中不允许倒车的地方倒车，以防不测。

七、刹车的正确使用

1. 尽量少用刹车

正确使用刹车，对安全行驶、降低油耗和延长车辆使用寿命起着重要的作用。使用刹车时，车辆会减速和停驶。而使用刹车后，又要重新起步和加速，这必然会增加油耗。因此，提倡在保证安全行驶的条件下，尽量少用刹车，尤其是少用紧急刹车。实验证明，每紧急刹车一次，要多耗燃油20%。因此，在车辆行驶中，要保持车距，注意观察，提前处理好可预见的各种情况，少使用刹车。

2. 巧妙利用点刹

巧妙地利用点刹或间歇刹车等刹车方法，也可达到节能效果。例如，当车速行驶过快时，关闭油门仍显太快，这时就可以用点刹车减速，方法是：轻轻踏下制动踏板，再及时松开，如此反复几次，就可使车速逐渐降低到所要求的车速。使用点刹降低车速，可避免由紧急刹车造成的车速过快停止再起步的耗油状态，也可避免车辆在冰雪路面或潮湿路面因紧急刹车产生的侧滑现象，提高车辆和人员的安全系数。

这里所讲的节省燃油是在保证安全的情况下进行。如遇紧急情况，必须果断地使用紧急刹车，避免发生事故。

八、轮胎的正确使用

1. 按标准气压值充气

在农用运输车的行驶中，轮胎充气量的多少直接影响到行车的阻力及经济性。实验证明，正常的轮胎气压每下降 49 kPa，车辆多耗油 5%。因此，在给农用运输车的轮胎充气时，要严格按照轮胎上所标的标准气压值，进行充气。

操作指南

实用、准确的胎压判断方法是在轮胎充气之后，用气压计测量。气压计有机械式、液晶式、电子式，价格很便宜。气压计可放置在车内备用，每半个月左右时间检测几只轮胎一次有益而无害。

注意：胎压值全部是在车轮完全落地的情况下进行测量的，如果把车身完全架起来，则胎压值会比落地之后的胎压值低 20～30 kPa，所以测量胎压时一定要保证在四轮完全落地的情况下进行测量，否则会造成胎压过高。

小常识

胎压高，就是轮胎单位面积上所承受的压力增加，会造成胎面磨损不均匀，胎壁也会因气压过高而变得更薄，因此，行驶当中如果遇到凸起物或者坑洼时很容易发生爆胎事故。

2. 合理装载，延长轮胎的使用寿命

在一辆新车中，轮胎的价值约占新车的 10%，可见轮胎的费用开支很大。为了延长轮胎的使用寿命，除了要按规定的气压值充气外，还要按标准载货量载货。实验表明，车辆每超载 20%，轮胎的使用寿命减少 30%。

资料链接——为什么汽车轮胎气压低于标准气压也容易爆胎？

有的驾驶员因为害怕“爆胎”，往往在充气时没有达到标准气压，这种做法是非常错误的。因为轮胎气压降低后，轮胎与地面的接触面积增大，会造成轮胎升温过快，加速轮胎的老化，并容易引起爆胎。此外，轮胎气压过低还有很多负面影响，如造成胎面两侧不正常磨损，加大胎侧的变形量，容易损伤胎侧，增加油耗等。

3. 加强日常维护保养

在车辆的日常维修保养中，还要经常对轮胎进行检查，发现轮胎表面纹理嵌有石子、玻璃、铁钉等杂物时，要及时清除，防止故障扩大，影响轮胎的使用寿命。

第三节　农用运输车辆的安全驾驶

作为一名出色的农用车驾驶员，不仅要具备娴熟的驾驶技术，还要有处理紧急情况的应变能力和必要的交通法规知识，以提高农用运输车的安全性，保障人身安全。从农用运输车

诞生起，有关部门已经颁布了不少行业标准和管理方面的政策法规，与驾驶员有密切关系的是1993年公安部发布的46号文《关于农用运输车道路交通管理的规定》，这是从事农用运输的驾驶员必须学习和遵守的规定。国家有关部门还制定了农用运输车报废标准，主要目的是保证道路交通和人民财产安全，节约能源。1988年国家颁布了《中华人民共和国道路交通管理条例》。《中华人民共和国道路交通安全法》自2008年5月1日起施行。

一、农用运输车的安全驾驶基本原则

农用运输车经常行驶在农村道路或田间地头、场院等，道路条件普遍较差，加上使用操作不当，从而直接或间接地导致大量交通事故的频频发生。农用运输车的安全驾驶已经成为我国道路交通安全的一个重要问题。

1. 正确装载

禁止超载、超高和超宽；严禁采用加高货箱挡板高度、增加钢板弹簧片数来提高载质量；严禁客货混载。

资料链接——农用运输车超载的危害

车辆超载行驶时，因发动机长期超负荷运转，车辆制动性能严重下降，极易造成安全事故。超载后使操纵系统失去控制（如车辆方向偏离），影响行车安全。严重超载会使支撑部件（如轮胎、前后桥、钢板弹簧等）损坏（如爆胎、车架与前后桥变形、钢板弹簧断裂），增加维修费用。

小常识

车辆的最大载质量就是车辆的空载质量和载重总质量之间的差额。

《中华人民共和国道路交通安全法》作出了超载车辆严禁上路的相关规定：货运机动车超过核定载质量的，处200元以上500元以下罚款；货运机动车超过核定载质量30%或者违反规定载客的，处500元以上2 000元以下罚款。

2. 严禁改装农用运输车

有些农用运输车驾驶员私自采用对农用运输车改装或换件的办法提高车速，如自行调节发动机的最大转数、拆卸单缸柴油机的限油器、加大发动机输出带轮直径、增加传送带数量、更换轮胎规格等，这样做导致使用安全和使用寿命存在严重的隐患。

3. 严禁超速行驶

行驶车速应当根据载货的性质、路面的情况等适当选择，严禁自行对车辆进行改装或换件。

4. 保持安全车距

与汽车相比，农用运输车制动性能较差，相同速度时，制动距离明显加长。因此，驾驶员应谨慎驾驶。公路上行驶时，要与前车保持足够的安全距离，防止前车紧急制动时，追尾相撞。

5. 谨慎驾驶

不准在窄路、弯道、滑路、交叉路口或过桥时高速行驶和超车；通过铁路或交叉路口要做到一慢、二看、三通过，通过铁轨时要多加注意，千万不能使发动机熄火；在路口会车时，要提早准备让路。

农用运输车灯光较弱，夜间驾驶必须谨慎慢行，停车时要开灯避险，或设置警示标志，确保安全。

三轮农用运输车在道路坑洼不平、路面倾斜或急转弯时，车体稳定性相对较差，易发生侧翻，要时刻注意。

6. 遵章守法、文明行车

轻便型农用运输车形体小、速度快，应坚决杜绝见缝就钻、争道抢行、右超车、违章逆行等恶习。勤保养，戒病车上路，勿酒后或疲劳驾驶。

操 作 指 南

不要在行车时开启举升机构，更不要在货箱没有落回或货箱处于举升固定位置行车。卸料时车在偏坡不卸，必须车在较平坦的场地才可卸料。

二、农用运输车的道路驾驶方法

1. 农用运输车通过坡道或坡道停车的驾驶方法

（1）农用运输车上坡行驶时，由于坡度阻力车速自然会降下来，与平缓路段相比较只需轻轻制动。停车后用力踩踏制动踏板，防止汽车向后滑行。

上坡时，应该根据载质量和坡度事先挂在低挡，尽量避免上坡中途换挡，不准为了减小爬坡坡度，而采用曲线行驶。

（2）下坡时，特别是下长而陡的坡道时，应当利用发动机制动，即关小油门，降低发动机的转速，利用发动机的牵阻作用减速，以防止车速过高。挡位越低，油门越小，牵阻越大。注意这时必须接合离合器，而变速杆应放置在爬同样大小坡高时所使用的挡位上。如果发动机力量不足，则同时加用间歇的脚制动以降速。

下坡时不准熄火或空挡滑行。应挂入适当速度挡位，不用油门行驶，用下坡产生的力带动发动机转动而使汽车减速，并根据需要点刹控制车速，千万不要使制动器完全刹死，避免引起轮胎滑移，影响安全行车。

（3）尽量避免在坡道上停车，若必要而又不能完全依靠手制动器和挂入低速挡时，应在车轮下方加楔块以防车辆滑动。

2. 农用运输车通过桥梁的驾驶方法

（1）在行车中，接近永久性桥梁时，要特别注意桥头附近的交通标志，并遵守有关规定。

（2）如果前方有同方向前进的车辆时，要与前车保持一定的安全距离，减速通过桥梁。通过桥梁时，尽量不要在桥上停车，以避免阻塞交通。

（3）如遇窄桥，且前方来车距桥头较近时，要主动靠边停车让行，待来车通过后再起动前进；如来车速度较快，虽距桥头较远时，也应警惕来车抢先上桥，需提前做好及时停让的准备，避免发生桥上碰撞事故。

（4）通过拱形桥时，往往看不清对方来车和道路情况，要减速鸣笛，靠右行驶，随时注意对方情况，做好制动准备，切勿冒险高速冲坡。

（5）通过吊桥、浮桥、便桥时，如无管理人员指挥，应下车查看，确认没有问题时，再行通过。必要时，可让乘车人员下车步行过桥。不可在桥上变速、制动和停车，以减少桥梁的晃动。

（6）通过设有限制质量标志的桥梁，货运汽车的总质量超过桥梁的负荷量时，必须经市政管理部门和公路管理部门的同意，并按交警部门指定的时间通过。

3. 农用运输车通过隧道或涵洞的驾驶方法

（1）通过隧道时首先要减速，如果是一些无人管制的隧道或单行隧道时，应观察前方有无来车。如果发现对面已有车驶入隧道或有停车信号，应及时在道口靠右侧停车，待来车通过后或见放行信号后，再进入隧道，并开启前后灯光，然后视情况缓急通过。

（2）通过双行隧道应靠道路右侧行驶，视情况开启灯光，注意交会车辆，保持车速，尽量避免超车。

（3）驶出隧道时，要注意观察隧道口处的交通情况，在出口处及时鸣笛，预防发生事故。

（4）通过涵洞时，要适当减速，注意隧道前面都有宽、高等限制的交通标志，注意车辆的装载高度是否在交通标志的允许范围内，必要时下车查看，确认无误后方可缓缓驶入。

4. 农用运输车通过集市的驾驶方法

我国的很多城乡都有定期或不定期集市的传统，近几年，为了方便城市居民生活，各个城市的周围大都设立了规模不等的农贸市场，在通过集市时要注意以下问题：

（1）无论是集市还是农贸市场，交通都十分拥挤。行车中如能绕开，应设法绕开。

（2）如无法绕开时，汽车一定要低速缓行，决不可用汽车挤驱人群。

（3）如果遇到传统性的集市，更要注意尊重当地人民的风俗习惯，切不可贸然行事。

（4）如果是在集市高峰时间确实无法通过时，应暂时停车，耐心等候。

（5）如果是执行紧急任务且必须通过集市时，则应有人员开道，引导汽车缓慢通过。

5. 农用运输车田间道路的驾驶方法

（1）乡村、田间道路上没有任何交通指挥信号，驾驶员必须熟悉道路和地形，如对道路不熟悉，应问明情况再行驶。

（2）在乡村、田间道路上会车时，必须做到非机动车让机动车，空车让重车，下坡车让上坡车，但下坡车已行至中途而上坡车上坡时，则上坡车让下坡车。

（3）在弯路行驶时，由于树木、房屋和庄稼等遮住视线，一定要减速、鸣笛、靠右行驶，通过村镇注意周围环境，防止小孩扒车。

（4）在凹凸不平的路面行驶时，驾驶员必须有耐心，挂低挡行驶，同时还应保持正确的驾驶姿势，上体要紧贴靠背，两手握牢方向盘，尽量不使身体随车跳动或摇摆，脚应平稳地控制油门踏板，以免供油不稳使车速不均匀而越颠越剧烈。

（5）与畜力车会车或超越畜力车时，应注意畜力车的特点，畜力车速度慢，不好控制，新驭手没有经验，未驯的牲畜不听使唤，听到异常声音有时会惊车，容易造成事故的发生。行车中遇到畜力车时，必须减速慢行，并随时做好停车准备，必要时提前靠右行车，待畜力车通过后再行驶；超越畜力车时，应提前鸣笛，确保判断清楚畜力车动态或待畜力车让路后，方可超越。切忌两车临近时突然鸣笛或猛轰油门，以免牲畜惊车而发生事故。

（6）注意行人和自行车的动态。乡间道路较窄，遇到行人和骑自行车的人应减速礼让通过，以防自行车倒在车下发生意外。风天行车尘土飞扬，在上风头行车时应注意减速，以免行人由下风头向上风头跑发生事故。雨后行车道路泥泞或有水洼时，前有行人也应提前减速，以免溅水弄脏行人衣服或发生事故。

6. 农用运输车会车的驾驶方法

（1）在没有隔离带的双车道上会车，可先减速，再靠右，控制车速，稳住方向盘，同时注意道路两旁的情况，以保证会车时有足够的横向间距。

（2）在路面狭窄或道路两旁有障碍物的情况下会车，应根据对面来车的速度、路面等选定交会点，正确控制自己的车辆。如离交会点较远，也可加速行驶，反之则应减速等候。

（3）对面有来车，本车右前方向有同向行驶的非机动车辆或障碍物时，应根据具体情况决定是加速超越还是减速等候。避免在障碍物处会车和超越非机动车辆时会车。

（4）行至窄桥处，应正确估计双方距桥的远近和车速。车速慢、距桥远的车辆应主动减速让车，让车速快、距桥近的车辆先通过，切不可盲目抢行，以防发生碰擦。

（5）在视线不清的情况下会车，更应提高警惕性，降低车速；夜间行车，注意及时变光，并加大两车间距，必要时可停车避让。

总之，驾驶员在会车时必须遵守交通法规，自觉做到“礼让三先”，即“先让、先慢、先停”。应在会车前弄清来车及路面等交通情况，选择适当会车地点，靠右通过，做到安全会车。

7. 农用运输车超车的驾驶方法

超车是汽车行驶中的正常现象。但是，超车又是比较复杂和危险的操作过程，因此，必须具备一定的条件才能进行。

（1）超车应选择道路宽直，视线良好、道路两侧均无障碍，被超车前方 150 m 以内没有来车，并在交通法规许可的路段和情况下进行。

（2）超车时，必须先开左转向灯，向前车左侧靠近，并鸣笛（禁止鸣笛地区和夜间必须用变换远近光灯示意）通知前车，确认安全及前车让超后，加速并与被超越车辆保持一定的横向间距，从左侧超越。

（3）超越前车后，不可向右急转动方向盘，应保持超车时的速度，在超出被超越车20 m以外再开右转向灯，驶回原车道。

（4）在超车过程中，如果发现道路左侧的障碍或横向间距过小而有挤擦可能时，尽量不用紧急制动，以防发生侧滑产生碰撞，应稳住方向盘，不要左右转动，在最短的时间内，适当拉开距离，然后再伺机超越，千万不可冒险强行超车。

（5）在超越停驶的车辆时，应减速鸣笛（在非禁止鸣笛地区），注意观察，保持警惕，并留有较大横向间距，随时做好紧急制动的准备，以防止该车突然起步驶入行车道而发生碰撞，或驾驶员突然开启车门下车。尤其是超越停在车站的客车时，更应注意被停车遮蔽处骤然出现横穿公路的行人。

（6）注意在下列地点或情况下，不得超车：

1）被超车示意左转弯、掉头时。

2）在超车过程中，与对面来车有会车可能时。

3）被超车正在超车时。

4）行经交叉路口、人行横道、漫水桥、漫水路时。

5）通过胡同（里巷）、铁路道口、急弯路、窄路、窄桥、下陡坡时。

6）掉头、转弯时。

7）遇风、雨、雪、雾天能见度在30 m以内时。

8）在冰雪、泥泞的道路上行驶时。

9）电喇叭、刮水器发生故障时。

10）牵引发生故障的机动车时。

11）进、出非机动车道时。

三、农用运输车紧急情况的处理

农用运输车驾驶员在驾驶途中可能会遇到各种紧急情况，首先要冷静，迅速判明情况，采取正确的避险措施，先顾人后顾物，先方向后制动，先别人后自己。

1. 制动失灵

制动失灵是成为马路杀手的一大原因，在行驶中制动失灵，不但会危及驾驶员自身安全，还会殃及他人。

（1）如果汽车在行驶过程中制动突然失灵，驾驶员要反复踩刹车，尽力把挡位换到低速挡，以利用发动机的减速作用，并不断按电喇叭，警告其他驾驶员和行人，利用上坡停下来是最好的办法。

（2）在车速有所减缓时，再利用驻车制动，直至停车。

（3）如果车速非常快，驻车制动控制不住速度时，为了减速可以利用天然的障碍物，给汽车造成阻力迫使停车。尽可能找合适的目标撞击（如软的篱笆、灌木丛或路槛），严禁选择其他车辆或行人进行撞击。在最坏的情况下，当汽车要撞击物体时，一定要看准方向，并且要关闭发动机。决不能让汽车在没有制动的情况下向前行驶，因为那样会酿成更大的灾难。

操作指南

为确保行车安全，每天出车前要检查制动液并试刹车，此项检查不可忽视。每个车轮制动器也要检查是否有漏制动液现象，在制动鼓与制动底板的缝隙处就可看到，尤其是春秋两季温度变化大，橡胶件易发生变形，更应注意。

2. 转向失灵

在行车过程中，特别是在汽车高速行驶的过程出现转向突然失灵，最好的办法是制动。如果操作不当，使用紧急制动，很容易造成翻车。

（1）驾驶员发现转向不灵时，正确的做法是立即松开油门踏板，挂入低速挡位，均匀用力、反复间歇拉紧驻车制动，当车速明显下降时再使用脚刹，同时采取打开双闪灯、大灯、鸣笛等措施警告路人和其他车辆。

（2）转向突然失控后，若车辆和前方道路情况允许保持直线行驶时，不可使用紧急制动。

（3）转向失控后，若车辆偏离直线行驶方向，应果断地连续踩踏、放松制动踏板，使车辆尽快减速停车。

（4）当车辆转向失控、行驶方向偏离、事故已经无可避免时，应尽快减速，极力缩短停车距离，减轻撞车力度。

3. 车胎爆炸

一般情况下，汽车胎压不足、过高，或是轧过尖锐物体时，都会引发爆胎。汽车在行驶中轮胎突然爆裂，会使汽车出现比较大的振动或摆动，有严重的偏行及侧翻危险，并且驾驶员来不及反应，因此，处理不当就会引发交通事故。

（1）如果是前胎爆裂，危险较大，汽车会向破胎一侧偏行，为防止汽车加剧偏行，此时切不可紧急制动。驾驶员应双手牢牢控制好方向盘，迅速抢挂低速挡，油门踏板不要一下放松，尽量保持车辆直线行驶，不要过度矫正方向，应在控制住方向的情况下，轻踏制动踏板，使车辆缓慢安全地停在路边。

（2）如果是后胎爆裂，汽车尾部摇摆不定，但方向不会失控。驾驶员应双手紧握方向盘，极力控制车辆保持直线行驶，并反复轻踩制动踏板，车辆利用惯性前移，将汽车缓慢停下。

4. 车辆发生迎面相撞

正常行驶时，突然有辆车或者一个预想不到的障碍物出现在面前，似乎相撞已不可避免。如果在发生这种事故的瞬间，驾驶员能采取正确的措施，可减小或避免造成人身伤亡和车辆的毁坏。

（1）在驾驶员预感到正面相撞无法避免的瞬间，千万不要向左打方向盘，必须始终踩住刹车并向右打方向盘。如有可能，应判断与来车可能撞击的力量与方位，同时应手握方向盘，两腿向前蹬直，身体尽量向后倾斜远离方向盘，以避免在撞击的瞬间头部与挡风玻璃相撞，造成伤亡事故。

（2）当驾驶员判断撞击力量较大，或撞击部位接近驾驶座位时，应使身体迅速离开方向盘，同时将两腿抬起，以避免相撞时发动机和方向盘的后移而造成的严重损伤。

5. 车辆发生侧面相撞

（1）当驾驶员预感到要发生汽车侧面相撞时，应立即顺车转向（因为侧面相撞多发生在交叉路口），尽量使侧面相撞变成碰擦，以减小损伤的程度。

（2）当侧面相撞的部位恰是驾驶员座位的方位时，应迅速向驾驶室的另一侧移动，同时用手拉着方向盘，以此稳住身体和控制汽车方向。

6. 车辆翻车

翻车前一般都有先兆，如急转弯时，汽车急剧侧倾，车身会先向外侧飘起后才翻车。纵向翻车时，汽车先有前倾或后仰，驾驶员有车头下沉或车尾翘起的感觉。掉沟翻车时，车身先慢慢倾斜，然后才完全倾覆。作为驾驶员，应有自我保护的意识和措施，尽量减少损失。

（1）当感到车辆不可避免地要倾覆时，应抓牢方向盘，两脚钩住踏板，使身体固定随着车体翻转。如车辆翻向深沟时，驾驶员应迅速趴到座椅下，使身体夹持在座垫和变速杆之间，避免身体在驾驶室内滚动受伤，同时应抓住方向盘或踏板。

（2）发生缓慢翻车有可能跳车逃生时，应向翻车相反方向跳车。

（3）迅速打开车门，离开驾驶室。如因车辆变形造成车门不能正常开启，可以从风窗玻璃处脱离。

（4）当汽车半侧翻或侧翻停稳后，应及时卸下汽车上的蓄电池，并检查是否有燃油漏出，以防火灾发生。

7. 车辆发生火灾

汽车火灾一般发生在撞车、翻车或汽车保养、加油之际。汽车发生火灾一般是由燃油被明火点燃而引起的。此时驾驶员应注意以下几点：

（1）马上停车熄火，切断电源。

（2）关闭燃油箱开关和百叶窗，取走燃油箱，防止燃油箱着火及爆炸。

（3）立即设法离开驾驶室，因驾驶室内都是易燃品。如果驾驶室门无法打开，可以从风窗玻璃处脱离。如果着火范围较小，可用车上现有的物品进行覆盖；如果着火面积大，又无灭火器时，应用路旁的沙土、冰雪等进行覆盖或向过往车辆索取灭火器材；如果火情危及车上货物时，应在扑救的同时，迅速把货物从车卸下。

（4）要设法使着火车辆远离高压线或者其他可燃物。

操作指南

车辆燃油着火燃烧，不要用水浇或拍打的方法灭火，只能用灭火器灭火、用沙土压灭火或用棉被、篷布覆盖使其熄灭。

8. 车辆打滑

车辆打滑一般发生在雨雪路面或紧急避让的情况下。这时切忌踩制动或猛打方向盘修正，应该向侧滑的反方向轻打方向盘修正，使前轮一直指向推力使车辆向前行驶的方向，并轻微加油保持车头在前。修正过头的车辆会反方向侧滑。如果情况加剧则说明修正力度过大，下次修正力度应柔和一些。一旦汽车不再打滑，就要缓慢地踩制动。如果汽车的 4 个轮子都在打滑，那就应该放开制动，让轮子自己转动。

9. 车辆发生刮擦

当发现车体要与其他物体发生刮擦时，为了防止车壳变形挤伤人，要迅速向箱内挤靠，向外侧稍转方向盘，尽量把车与刮擦物分开。

小常识

你知道吗？最容易发生侧滑的路面是下雨开始时的路面；车辆速度超过每小时 60 km 时，紧急制动易导致侧滑或甩尾等危险情况。

资料链接——农用运输车的报废标准

（1）三轮农用运输车和装配单缸柴油机的四轮农用运输车，使用时间达到 6 年的。

（2）装配多缸柴油机的四轮农用运输车，使用时间达到 9 年的。

（3）农用运输车装配多缸柴油机的四轮农用运输车，累计行驶里程达到 25 万 km 的。

（4）因各种原因造成农用运输车严重损坏或者状况低劣，无法修复的。

（5）长期使用后，整车耗油量超过企业定型车出厂标准规定值 15% 的。

（6）不符合国家标准《机动车运行安全技术条件》，经过修理和调整后仍达不到要求的。

（7）排放污染物超过国家或地方规定的排放标准，经修理、调整或采用尾气污染控制技术后，仍不符合要求的。

第四节 三轮农用运输车易翻车的原因与预防

近年来，三轮农用运输车已成为城乡工农业生产中不可缺少的运输工具。但是，由于其结构的特殊性和使用中存在的一些问题，行驶中较易出现翻车事故，必须谨慎预防。

一、三轮农用运输车翻车的原因分析

影响三轮农用运输车辆稳定性的主要因素是支撑区的大小和重心的位置。

1. 支撑区的大小

三轮农用运输车的支撑区横向宽度最大等于后轮轮距，纵向长度等于轴距。轴距比轮距要大得多，所以，其稳定性在纵向上要比横向好得多，翻车常出现在横向上。

2. 重心的位置

三轮农用运输车的重心距支撑区边缘的距离在侧前方最短，且重心越靠前，此距离越小，车辆就越不稳定。由于空车时重心靠前，装载时重心靠后，故空车比装载后更容易翻倾。车辆转弯特别是下坡减速转弯时，由于惯性力的作用，容易使车辆向侧前方翻倾。

二、预防翻车的措施

根据上述车辆翻倾的原因，要注意采取以下措施。

1. 正确装载

货物装上后，与车箱成为一个整体，车辆重心的位置会发生变化，因此，装载时一定要注意：

（1）横向对称。如果所装货物的质量在横向上不对称，重心就会偏向一侧，这一侧的稳定力矩就会变小。在行车中由于制动跑偏和转弯时的惯性力，会使车辆向重心偏向一侧翻倾。

（2）纵向稍偏后。货物装载偏前或偏后，也会引起纵向稳定性变差，容易造成纵向翻倾。在装载货物时可使重心稍偏后，这对横向稳定性有利，但要以前轮能够正常工作为准。

（3）高度适当。货物装载过高，重心相对升高，会使翻倾力矩变大，车辆稳定性差。所以，在允许的装载范围内，重心越低越好。重货不能放在轻货的上面，而应放在汽车车箱的中轴线上或中间位置。

（4）大件货物要固定。装载体积较大的货物，如油罐、农机及木材等，要采取固定措施，避免运行中货物在车箱内滚动或窜动，改变重心位置，使稳定性变差。

（5）货物要捆绑。为保护驾乘人员的安全，一定要用专业绳子捆绑好货物。如果货物没有被捆绑好，刹车时司机和其他乘员就会受到货物的撞击。

（6）牲畜的装载。装载小牲畜（如猪、羊等）时，如果不能布满车箱，应用笼装或采取围栏方法使牲畜固定在一定范围内，防止牲畜乱窜造成重心改变。三轮农用运输车一般不宜运载大牲畜（如牛、马等)，如需运载，在不超过额定质量的情况下，应使牲畜处于卧姿，捆绑固定后方可运输。

（7）严禁客运或人货混装。“货物有价，生命无价”，用车箱载人是极不负责任的行为，是有关规定严令禁止的。一旦遇到紧急制动的情况，车斗上的人受惯性作用会被抛出车外或受到货物的伤害。

2. 正确操作

(1) 控制车速。车辆要按额定车速行驶。汽车发动机功率储备在供油量为最大时，车速要超过额定车速的20%以上，因此，要控制好供油量保持在额定车速下行驶。正常路面上以最高挡位行驶时，应将供油量控制在80%以下，非遇特殊情况（如陡坡或驶出陷车路段等）不使用全部供油量；下坡采用中等挡位，必要时用低挡位来限制车速，严禁空挡滑行；空车行驶时，最好不使用最高挡，如使用必须将供油量控制在60%左右；严禁酒后开车，以保持清醒的头脑来控制车速。

(2) 转向时的操作。首先转向前要尽量减速，以减小离心惯性力；其次转向要缓，即转向半径要大。若装载物较高、较重，路面又复杂（如冰雪、泥泞路面或坡路等），可先停车，消除减速时的惯性力，再缓慢起步转向。

(3) 制动时的操作。制动时主要是车速和前轮位置状态的控制，尽量避免紧急制动。制动前应通过换挡和减少供油量使车速降低，切断动力后，轻踩制动踏板，进行分步制动；当车速降至1.5 km/h以下时，再将车辆完全停住。需要在转向过程中制动时，除一定要使车速降至1.5 km/h以下外，在完全停住前应将前轮打正。

第五节　油料、制动液、冷却液的使用

油料、制动液、冷却液是目前道路行驶的农用运输车不可缺少的运行材料，为使发动机的经济性、动力性得到提高，燃油系统使用寿命得到延长，必须合理使用燃料。润滑系统性能良好，正确合理使用润滑材料是保证机器正常运转的条件之一。制动系统作为车辆行驶主要安全装置，其性能好坏直接关系到行车安全，制动液是液压制动系统的传力媒介，其化学稳定性、物理特性都影响着制动性能的好坏。发动机冷却系统有风冷和水冷之分，水冷应用十分普遍，而冷却液的质量直接影响冷却效果。在实际使用中，所涉及的运行材料还有液压油、轮胎、制冷剂、起动液、传动带等。

一、油料的使用

油料是一个笼统的名称，它包含很多内容，该名称是沿袭传统农机行业对燃油、润滑材料的统称。随着科学技术的快速发展，农用运输车以及农业机械向着自动化、人性化方向发展，较多的农用运输车装有空调制冷系统，还有的是保鲜车，这样又增加了较多的工作液，主要是液压油、液力传动油、冷冻机油等。

1. 柴油的使用

柴油是柴油机的主要燃料，柴油为呈水白色、浅黄色或棕褐色的液体，有一种特殊气

味。柴油具有挥发性，但与汽油相比要差得很多。质量合格的柴油有一定的油性，起着润滑和密封作用。

（1）柴油的牌号类型。内燃机用柴油分为重柴油和轻柴油，1 000 r/min 以上的高速柴油机用轻柴油，重柴油是用于 1 000 r/min 以下的中低速柴油机中的燃料。农用运输车普遍使用轻柴油，一般加油站所售的柴油均为轻柴油。我国轻柴油的规格按质量分为 3 个等级，分别是优级品、一级品和合格品。每个等级的轻柴油按其凝点分为 7 个牌号，分别是 10 号、5 号、0 号、－10 号、－20 号、－35 号、－50 号，其与凝点的对应关系见表 3—2。

表 3—2　　优级品轻柴油牌号与凝点对照表

牌号	10	5	0	－10	－20	－35	－50
凝点（℃）	10	5	0	－10	－20	－35	－50
适应的最低环境温度（℃）	（有预热设备的柴油机）	8	4	－5	－14	－29	－44

资料链接——轻柴油的牌号与质量无关

在车辆使用中，有的驾驶员认为烧 0 号没有烧－35 号有劲。其实这是没有理论根据的，柴油牌号不同只是表示两种油的十六烷值不同，其次是低温流动性、蒸发性、黏度等指标的不同。人们在加油站所加的柴油很少要求质量等级，只要求牌号，因为牌号正确与否直接关系到柴油是否顺利使用。

（2）柴油的使用注意事项。柴油在使用中有较多的要求，如果平时不太注意，就会导致很多的人为故障。柴油使用的注意事项如下：

1）不同牌号的柴油可以混合使用，以降低高凝点柴油的凝点。但应注意：混合后的柴油凝点不是按比例计算的，也就是凝点的调整无严格的加成关系，一般比其比例高 2℃左右。例如，－10 号和－20 号柴油各按 50% 掺兑后，其凝点不是－15℃而是高于－15℃，为－13～－14℃之间。在缺乏低凝点柴油的情况下也可以向柴油中加入 10%～40% 裂化煤油，以降低凝点。

2）在柴油中绝不可加入汽油。汽油自燃点高会使柴油机起动困难，严重时无法起动。

3）在家中储存柴油要注意安全，远离火源。冬季加注柴油需要预热，尽可能不用明火。要保证柴油的清洁，不含杂质及水，沉淀时间不少于 48 h。

4）不可在柴油中加入低温起动液。由于低温起动液的主要成分是乙醚，自燃点仅为 190～210℃，易在柴油机内自燃，使得点火延迟期短而形成燃料早燃，导致发动机动力性和经济性下降。

5）柴油易氧化，需密闭储存。

小常识

在夏季向秋季过渡或秋季向冬季过渡时往往燃油箱里的油还有大半箱，又没法放掉，此时不必一次把低凝点的柴油加满燃油箱，可以加入 -35 号或 -50 号与燃油箱剩余的柴油掺兑，这样可以改变凝点满足使用要求。

2. 润滑油的使用

润滑油是一部机器正常运转不可缺少的重要材料，农用运输车上主要使用润滑油的是发动机、变速器和驱动桥。柴油机使用的润滑油叫做柴油机油，简称柴机油。变速器、驱动桥、转向机使用的润滑油叫做齿轮油。

（1）柴油机油的使用。柴油机油具有润滑减磨、清洗、冷却、密封、防腐防锈和缓冲减振的作用。

1）柴油机油的分类。柴油机油的质量等级在国外普遍采用美国汽车工程师学会（SAE）的黏度分类法和美国石油学会（API）的使用条件分类法。

采用 SAE 的黏度分类法，将发动机润滑油黏度分为低温用油、高温用油和多级机油等 3 类，即

低温用油：0W、5W、10W、15W、20W、25W。

高温用油：20、30、40、50。

多级机油：5W/30、10W/40、15W/40、20W/40、20W/20 等。

这里的数字表示黏度等级，数值越大，表示黏度越高；字母 W 表示冬季用油。

多级机油是全气候机油的别称，它是用低黏度的基础油加入稠化剂制成的。用 SAE 等级的双重号码表示，例如，5W/30，其中 5W 表示冬季黏度级别，30 表示夏季黏度级别。这种机油在高温时具有与 SAE30 相同的黏度值，而在低温时，它的黏度不超过冬用机油 SAE5W 的黏度值，是一种多级机油。在选购时可以参考表 3—3 进行选购。

表 3—3　机油黏度等级与使用温度的关系

<table>
<tr><td>机油黏度</td><td>0W</td><td>5W</td><td>10W</td><td>15W</td><td>20W</td><td>25W</td><td>20</td><td>30</td><td>40</td><td>50</td></tr>
<tr><td>使用环境温度（℃）</td><td>-55 ~ -10</td><td>≥ -30</td><td>≥ -20</td><td>≥ -15</td><td>≥ -10</td><td>≥ -5</td><td>0 ~ 20</td><td>5 ~ 30</td><td>25 ~ 40</td><td>20 ~ 50</td></tr>
<tr><td>机油黏度</td><td colspan="2">10W/40</td><td colspan="2">15W/40</td><td colspan="3">20W/40</td><td colspan="3">20W/20</td></tr>
<tr><td>使用环境温度（℃）</td><td colspan="2">-20 ~ +30</td><td colspan="2">-15 ~ +40</td><td colspan="3">-10 ~ +40</td><td colspan="3">-10</td></tr>
</table>

API 的使用条件分类法是根据油的性能和使用场合不同，把内燃机油分为 S 系列和 C 系列。S 系列是汽油机油，该系列包含有 SA、SB、SC、SD、SE、SF、SG、SH 8 个级别，其中 SA、SB、SC 现在已经不使用。C 系列是柴油机油，该系列包含有 CA、CB、CC、CD、CD—Ⅱ、CE、CF—4 等级别，其中 CA、CB、CC 现在已经不使用。

2）机油的正确选用。近年来随着农用运输车数量的增加，驾驶员多数没有受过专业培训，只会开车，不会维护车，对机油的正确选用没有足够的认识。据统计，农用运输车因润滑不良造成的故障占总故障数的45%，因此，发动机润滑油的正确选择、使用、管理必须重视起来。

①机油的种类和质量等级。农用运输车发动机机油按柴油机的强化程度进行选择。柴油机强化程度用强化系数表示，强化系数越大，热机负荷越大，柴油机油工作条件越苛刻，要求选用的机油使用级别越高。强化系数用 K 表示，$K<50$ 时，应选用 CC 级柴油机油；$K \geq 50$ 时，应选用 CD 级以上柴油机油。目前，农用运输车发动机的强化系数在 50 以上，并呈发展趋势，在选择机油时要注意。强化系数 K 可以通过计算获得。一般在实际使用中没有人去计算强化系数，都是由发动机使用手册查得，来确定柴油机油应选用的牌号。

②合理选择润滑油黏度。第一，根据发动机的性能选用，如大负荷、低转速的发动机选用黏度较大的机油，小负荷、高转速的发动机选用黏度较小的机油；第二，根据发动机的磨损情况选用，旧发动机磨损大，选用黏度大的机油，新发动机磨损小，选用黏度小的机油；第三，根据所在地区的气温或季节气温选用，夏季南方使用的发动机宜选用黏度较大的机油，而北方冬季选用黏度小些的机油。

小常识

机油的使用温度应比其凝点高 6 ~ 10℃，以防止机油的黏度显著增大，泵送困难，布油均匀度差，零部件得不到良好的润滑，而使零部件过度磨损或损坏，特别是配气机构的摇臂轴总成和曲柄连杆机构中的活塞销等。

③掌握更换润滑油的时机。润滑油在使用中由于污染、氧化等原因，质量会逐渐下降，同时也会有一些消耗，使数量减少，填补的润滑油只能补足数量，不能改变发动机润滑系统中的润滑油质量，为了保证发动机具有良好的润滑，要适时更换润滑油。润滑油更换要按质更换，这是科学换油标准。但在实际使用中还有大部分人按里程换油，这是十分危险的做法，主要是会出现变质润滑油被长期使用的现象。多级机油在使用时容易变黑，属于正常现象。

操作指南——机油油质的检查方法

机油油质的检查方法是：首先观察其透明度，色泽通透略带杂质说明还可以继续使用，若色泽发黑，闻起来带有酸味就要更换机油，因为机油已经变质，不能起到润滑作用；然后检查其黏稠度，沾一点机油在手上拇指和食指中间检查机油是否还具有黏性，如果没有一点黏性，像水一样时说明机油已达到使用极限需要更换，以确保发动机的正常运行。

小常识

更换机油一定在发动机熄火 30 min 后进行，但不要让发动机过凉，更换机油同时要更换机油滤清器。目前机油滤清器均为一次性的全流式，卸除后，在安装新滤清器前要在滤清器内加入适量的机油，并在机油滤清器密封口涂上机油。机油加注一定要控制数量，在油尺中线和上刻度线之间。加注后要发动发动机，观察是否有泄漏，以及机油压力是否正常。

（2）齿轮油的使用。

1）齿轮油的分类。齿轮油和机油一样也是按黏度和使用性能分类，即 SAE 的黏度分类法和 API 的使用条件分类法。

SAE 的黏度分类法将车用齿轮油分为 7 种牌号：70W、75W、80W、85W、90、140、250，尾缀的 W 与机油一样表示冬季使用，不带尾缀的是夏季用齿轮油。同样齿轮油也有多级油，如 80W/90、85W/90、85W/140 等。

API 的使用条法分类是依据齿轮负荷承载能力和使用场合的不同将齿轮油分为 GL－1、GL－2、GL－3、GL－4、GL－5、GL－6 六个等级。我国参照 API 分类法，把车辆齿轮油分为普通车辆齿轮油（SH0350－92）、中负荷车辆齿轮油（GL－4）和重负荷车辆齿轮油（GL－5）（GB 13895—1992）3 个品种，它们与 API 使用分类中的名品种对应关系见表 3—4。

表 3—4　我国车辆齿轮油名称与 API 使用分类中的各品种对应关系

我国齿轮油名称	API 的品种
普通车辆齿轮油（SH0350－92）	GL－3
中负荷车辆齿轮油（GL－4）	GL－4
重负荷车辆齿轮油（GL－5）（GB 13895—1992）	GL－5

2）齿轮油的选用。首先应按车辆使用说明书的规定选择与该车型相适应的齿轮油品种与牌号，还可以参照以下原则选择齿轮油。

原则一：根据工作条件的苛刻程度选择齿轮油的品种——使用等级。农用运输车驱动桥所承受的载荷较大，属低速大载荷类型，一般普通车辆齿轮油即可满足需要，如果使用准双曲面齿轮的话，GL－4 可满足需要。为简便，变速器和转向机多数与驱动桥用同一种齿轮油。在汽车上变速器使用同步器较多，由于同步器使用黄铜，为防止酸腐蚀，选用柴油机油。现在农用运输车为换挡方便，在换挡时为减少齿轮撞击也开始使用同步器，但是无需特意去选择柴油机油。为了经济起见，变速器与转向机最好加注普通车辆齿轮油，但是黏度要掌握好。

原则二：根据当地季节气温选择齿轮油牌号——黏度级。75W、80W、85W、90 和 140 号油适应的最低气温分别为－40℃、－26℃、－12℃、－10℃和 10℃，应对照当地冬季最低气温适当选用。

3）齿轮油使用的注意事项包括：

①不能将使用级别较低的齿轮油用在要求较高的车辆上。例如，将时风三轮车变速器加注的普通车辆齿轮油，加注到金猴四轮车准双曲面齿轮驱动桥中，会使齿轮很快磨损和损坏。不要认为齿轮油黏度高润滑性能就好，使用黏度牌号太高的齿轮油，将使燃料消耗显著增加，齿轮箱内温度有所上升。

②齿轮油加注要适量。不可加注不足，更不可走极端加注太多，造成变速器或驱动桥中

齿轮油膨胀，引起漏油。

③更换齿轮油原则按质更换，但是一般实际都是定期更换。专门从事田间运输的农用运输车应经常检查，最好按质换油；在良好道路运输的农用运输车，因其不涉水可定期换油。定期换油时间一年换两次即可，春季三、四月份换高黏度的齿轮油，秋季十月份换低黏度的齿轮油。如果冬季停驶就不用考虑冬季情况。

④驱动桥内不可掺兑柴油或煤油将齿轮油兑稀，否则将会使齿轮咬伤。

小常识

冬季在室外起动车，在给发动机预热同时也应给变速器、转向机和驱动桥预热。离合器踏板要慢抬，抬时感受发动机转速变化，转速稍下降应立即踏下油门踏板。

3. 农用运输车润滑脂的使用

润滑脂是将稠化剂分散于液体润滑剂中所组成的一种稳定的固体或半固体润滑产品，由于大部分润滑脂颜色是黄色，所以俗称黄油。由于润滑脂具有良好的黏附性，不易流失，可在不易密封的部位使用，在大负荷和较大冲击负荷的工作环境下有较好的润滑能力，还具有润滑周期长、密封防护好、使用温度范围宽等优点。因此，车辆上不宜用液体润滑的部位全部采用润滑脂润滑，如三轮运输车的方向把轴、前轮毂轴承、后轮毂轴承、悬挂吊耳轴，四轮运输车的转向节主销、转向拉杆球头销、离合器分离轴承等。

（1）润滑脂的分类。我国润滑脂的分类参照采用国际标准（ISO）的分类方法，润滑脂属于L类（润滑剂和有关产品）的X组（润滑脂）。根据润滑脂在应用中的操作条件对其进行分类，每一种润滑脂用一组大写字母（5个）组成的代号表示，如L－XCCHA2。润滑脂分类必须用统一的方式标记，标记字母顺序见表3—5。

表3—5　润滑脂标记的字母顺序及含义

L	X（字母1）	字母2	字母3	字母4	字母5	稠度等级
润滑剂类型	润滑剂组别	最低温度	最高温度	水污染	极压性	稠度号

润滑脂的稠度按GB 7631.1—2008分为9个级别：000、00、0、1、2、3、4、5、6。

（2）润滑脂的品种和牌号。汽车常用润滑脂品种有钙基润滑脂、钠基润滑脂、钙钠基润滑脂、汽车通用锂基润滑脂、极压复合锂基润滑脂和石墨钙基润滑脂等品种。

1）钙基润滑脂。钙基润滑脂外观光滑，颜色呈浓黄至暗黄色，软体膏状。钙基润滑脂具有抗水性好、机械安定性好、易于泵送、价格低等优点。长期以来使用钙基润滑脂润滑汽车、拖拉机等农业机械轮毂轴承、底盘拉杆球节、水泵轴承等。按稠度分为1、2、3、4四个牌号，1、2号使用温度不高于55℃，3、4号不高于60℃。1、2号使用最多，3、4号用于高负荷、低转速的设备上。合成钙基润滑脂分为2、3两个牌号。农业机械常用的是2、3、4号钙基润滑脂和2、3号合成钙基润滑脂。

2）钠基润滑脂。钠基润滑脂共分为2、3、4三个牌号。其外观颜色是深黄到暗褐色甚至黑色，呈软体膏状，有较好的承压抗磨性，能适应较大负荷，但抗水性较差。如润滑变速器一轴前轴承、离合器分离轴承。

3）钙钠基润滑脂。钙钠基润滑脂按稠度分为1、2两个牌号。其特点是具有一定的抗水性及耐高温性。在农业机械应用广泛，润滑各种滚动轴承。1号脂工作温度在85℃以下，2号脂工作温度在100℃以下。

4）汽车通用锂基润滑脂。汽车通用锂基润滑脂具有良好的机械安定性、胶体安定性、防锈性、氧化安定性和抗水性，适用温度范围为 -30～120℃。稠度牌号为2号，滴点达180℃，用于汽车底盘的轴承润滑、发动机附件各摩擦部位的润滑。

5）极压复合锂基润滑脂。极压复合锂基润滑脂与汽车通用锂基润滑脂的区别是有更高的极压抗磨性，适用温度范围为 -20～160℃。用于高负荷机械设备的齿轮和轴承润滑，有1、2、3号三个稠度牌号，其代号分别为L-XBEHB1、L-XBEHB2、L-XBEHB3。

6）石墨钙基润滑脂。石墨钙基润滑脂外观为黑色均匀油膏，具有良好的抗水性和抗碾压性能，适合用于重负荷、低转速和粗糙的机械润滑，如汽车的钢板弹簧、起重机齿轮转盘及半挂车转盘等承压部位的润滑。

小常识

现在市场流通的润滑脂生产厂家较多，润滑脂的包装小型化，以4kg、1kg包装居多。直接在包装外印有使用条件说明，如长城、统一、壳牌、昆仑、聚鑫等。润滑脂加有颜色，耐高温级别高的HP系列是蓝色的；耐温和使用级别中等的EP是绿色的；在低温条件下使用的MP是红色的。

（3）润滑脂的选用。润滑脂根据车辆使用说明书所规定的进行选择，选用与用脂部位操作条件相适应的润滑脂品种和稠度牌号。一般是根据工作温度、机件运动速度、负荷、环境条件等进行选择。

1）最低操作温度和最高操作温度。被润滑部位的最低操作温度应高于选用润滑脂标记第二个字母A、B、C、D、E所对应的0℃、-20℃、-30℃、-40℃、< -40℃的低温界限，否则在汽车起动和运转时，将会造成摩擦和磨损加剧；被润滑部位的最高操作温度应低于选用润滑脂的标记第三个字母A、B、C、D、E、F、G所对应的60℃、90℃、120℃、140℃、160℃、180℃、>180℃的高温界限。高温界限要比选用润滑脂的滴点低20～30℃或更低，若操作温度达到滴点会因润滑脂流失而失去润滑作用，也不能离滴点太近，使基础油蒸发，氧化加剧，使用寿命缩短。例如，汽车的轮毂轴承，若工作温度范围是 -30～120℃，则对应的第二、三个字母为C、C。

2）水污染（包括环境条件和防锈性）。环境条件分干燥环境（L）、静态潮湿环境（M）和水洗（H）。防锈性分不防锈性（L）、淡水存在下防锈性（M）和盐水存在下防锈性（H）。综合环境条件和防锈性要求，选择第四个字母所表述的水污染级别。如汽车在水洗环境（H）下使用，并有淡水防锈性要求（M），第四个字母应为H。

3）负荷。负荷是指摩擦面单位面积所受的压力，根据高负荷和低负荷的工作条件，分别选用第五个字母所表述的非极压型润滑脂（A）或极压型润滑脂（B）。

4）稠度牌号。稠度牌号与环境温度及转速、负荷有关，一般高速低负荷的部位，应选用稠度牌号低的润滑脂，如汽车发电机轴承、水泵轴承。当环境温度较高时，稠度牌号可提高一级，农用运输车推荐使用1号或2号润滑脂。

（4）润滑脂使用的注意事项包括：

1）建议使用锂基润滑脂。因其具有良好的耐低温性、抗磨性、抗剪切性、抗水性、耐蚀性和热氧化安定性，加之滴点高，使用温度范围宽，是目前最常用的一种多效能润滑脂。锂基润滑脂外观发亮呈奶油状软体膏状。

2）禁止不同品牌的润滑脂混用。不同牌号的润滑脂由于其基础油、添加剂等成分、含量不同，混用会改变其性能。即使是同牌号的新、旧润滑脂也不可混用，因为旧润滑脂含有大量的机械杂质、有机酸，会加速新润滑脂的氧化。

3）用量适当。润滑脂的用量要适当，过多使用除造成污染环境外，还会带来一定的经济损失。特别是某些部位绝不可多加注润滑脂，因其加注过多，会使临近机构工作可靠性变坏，例如轮毂的润滑。轴承加注润滑脂达到要求即可，轮毂内腔不加注润滑脂。一旦加注，因频繁制动，轮毂受热，轮毂内腔的润滑脂溶化将污损制动鼓，使制动失效。

4）注意保管。存储温度不宜高于35℃，包装容器应密封，不能进入水分和外来杂质。当开桶后，应将剩余润滑脂表面抹平，防止出现凹坑，否则会影响产品的质量。

二、制动液的使用

制动液是液压制动系统中传递压力的工作介质，制动液是液压油的一种，又称为刹车油。制动液的性能对汽车的行驶安全影响很大。

1. 制动液的品种

根据制动液的组成和特性，一般把制动液分为醇型、醇醚型、酯型、矿油型和硅油型5个品种。醇型已经淘汰，醇醚型和酯型统称为合成型。酯型制动液能够克服醇醚型制动液吸水后沸点降低，适合在湿热环境下使用。矿油型制动液由于吸水后易产生气阻，还对天然橡胶有溶胀作用，没有推广使用。硅油型制动液价格较贵，也很难推广使用。

2. 制动液的牌号和规格

制动液常见的牌号有3个，即合成型制动液的牌号，分别是HZY3、HZY4、HZY5，字母由汉语拼音合成型制动液的字头组成。根据高温抗气阻性和低温流动性从低到高分为JG0、JG1、JG2、JG3、JG4、JG5六个等级牌号，字母J是交通部汉语拼音的字头，字母G是汉语拼音公安部的字头。

3. 制动液的选择

制动液是按等级划分的，在选用时应严格按照车辆使用说明书的要求进行选择，如果没有说明书，如买二手车等情况，制动液按性能与工作条件进行选择，以确保行车安全。

（1）根据环境条件选择制动液。环境条件主要是指气温、湿度和道路条件。例如，夏季车辆在山区多坡道路上行驶，车轮制动强度大，制动液工作温度高，应选用 HZY3 或 HZY4；在非湿热条件下行驶，可选用 HZY3。

（2）根据车辆性能选择制动液。例如，负荷较大、制动液的工作温度较高，应使用 HZY4。

（3）若因某些因素使用进口制动液，一定要按国家标准以进口制动液对应关系选择，千万记住进口的不一定就好。

4. 制动液使用的注意事项

（1）各种制动液不可混用，如果在维修中更换制动液，原则上使用同一牌号的制动液，没有同一牌号时应用新制动液清洗制动管路，然后才可以加注新制动液。补充制动液必须补充与在用牌号相同的制动液。

（2）由于制动液是多种化学物质的混合物，在储存中易沉淀变质，用前一定观察外观和闻其气味，详细阅读包装上的说明书，有的写有保质期。

（3）按车辆使用说明书要求，按期更换制动液。每天出车前要检查制动液，同时检查车轮制动器有无漏油现象，千万记住行车前要检查制动系统工作情况。制动液一般一年更换一次，决不可吝惜那点在用制动液，以防酿成重大行车安全事故。

（4）制动液属于易燃品，应注意防火，不要让儿童接触，存放时避免阳光直射。

操作指南

液压制动系统出现制动失灵，除机械故障外，其原因主要表现为制动液渗漏、制动液变质、制动液混有水或其他油品，诊断故障时先检查制动液数量及品质。

三、冷却液的使用

冷却液是具有保护发动机冷却系统免遭锈蚀和腐蚀，能有效抑制水垢形成，防止水箱过热，减少冷却液蒸发，为水泵节温器及其他部件提供润滑作用的汽车工作液。

1. 冷却液的作用

在汽车行驶过程中，冷却液起到如下作用：

（1）冬季防冻。为了防止汽车在冬季停车后，冷却液结冰而造成水箱、发动机缸体胀裂，要求冷却液的冰点应低于该地区最低温度 10℃左右，以备天气突变。

（2）防开锅。加到水中的乙二醇会改变冷却液的沸点，乙二醇浓度越高，冷却液的沸点也就越高，-20℃时冷却液的沸点为 104.5℃，而-50℃时沸点达到 108.5℃。如果冷却系统采用压力盖，冷却液的实际沸点会更高，即使在炎热的夏季，也能有效地防止冷却液“开锅”。

（3）防腐蚀。冷却液应该具有防止金属部件腐蚀、防止橡胶件老化的作用。

（4）防水垢。冷却液在循环中应尽量减少水垢的产生，以免堵塞循环管道，影响冷却系统的散热功能。

综上所述，在选用、添加冷却液时，应该慎重。首先，应该根据具体情况去选择合适配比的冷却液；其次，将选择好配比的冷却液添加到水箱中，使液面达到规定位置即可。

2. 冷却液的组成及类型

冷却液由水、防冻剂、添加剂3部分组成，按防冻剂成分不同可分为酒精型、甘油型、乙二醇型等类型冷却液。

（1）酒精型冷却液。酒精型冷却液是用乙醇作防冻剂，价格便宜，流动性好，配制工艺简单，但沸点较低、易挥发损失、冰点易升高、易燃等，现已逐渐被淘汰。

（2）甘油型冷却液。甘油型冷却液沸点高、挥发性小、不易着火、无毒、腐蚀性小，但降低冰点效果不佳、成本高、价格昂贵，只有少数北欧国家仍在使用。

（3）乙二醇型冷却液。乙二醇型冷却液是用乙二醇作防冻剂，并添加少量抗泡沫、防腐蚀等综合添加剂配制而成。乙二醇易溶于水，可以任意配成各种冰点的冷却液，其最低冰点可达－68℃。这种冷却液具有沸点高、泡沫倾向低、黏温性能好、防腐和防垢等特点，是一种较为理想的冷却液，目前国内外发动机所使用的和市场上所出售的冷却液几乎都是乙二醇型冷却液。

3. 冷却液使用的注意事项

（1）应根据当地冬季最低气温选用适当冰点牌号的冷却液，原则是冷却液冰点至少低于最低气温5℃；如是浓缩液，应按产品说明书所规定的比例加入蒸馏水或去离子水（经软化处理后的水），不可加井水、自来水、矿泉水。

（2）乙二醇型冷却液有较低的冰点，也有较高的沸点，可以四季通用。

（3）乙二醇型冷却液有毒，使用中严防入口，远离儿童。

（4）冷却液储存要远离热源，保持清洁，不污染环境。容器专用，不和其他盛装石油产品的容器混用。

小常识

发动机冷却系统加注乙二醇型冷却液不同于加注水，加水必须加满，而加注乙二醇型冷却液加到散热器上水室以上即可。因乙二醇吸水性很强，与水混合后受热体积会膨胀。

四、其他工作液简介

1. 减振器油

农用运输车加装减振器已经十分普遍，特别是三轮运输车的前叉，就是两个减振器并列安装。减振器油是减振器的工作介质，对减振器油的要求是有适当的黏度、较高的黏度指数、良好的氧化安定性、防腐性和抗磨性。减振器油是专用液压油，可以用透平油加变压器油代替。要经常检查减振器密封性，减振器运行一年左右就应当维护与检修。

2. 液压油

液压油是自动倾卸车液压翻斗的工作介质，所以自动倾卸车也俗称翻斗车，有相当数量的农用运输车是自动倾卸车。液压油在使用中要注意牌号的选择，济南零公里润滑油有限公司生产的低凝液压油有 20、30、30D、40 号，都可做自动倾卸车液压系统用油。农用运输车吨位低，油缸活塞运动速度低，对液压油要求不高，在北方冬季使用应选用低凝液压油。

3. 蓄电池电解液

蓄电池俗称电瓶，道路行驶的机动车启动电源几乎都是铅酸蓄电池，蓄电池既能向外提供电能，又能储存电能，这都离不开电解液。蓄电池电解液是硫酸水溶液，由纯硫酸和蒸馏水按一定的比例配制而成。电解液的密度一般为 $1.24\sim1.30g/cm^3$，有腐蚀性，使用时不可溅洒在衣物及皮肤上，一旦溅洒皮肤上应迅速用小苏打水清洗，该液绝不可让儿童接触。一般电解液缺少应补加蒸馏水，绝不可加矿泉水和饮用纯净水。盛装电解液使用耐酸塑料桶、玻璃或陶瓷容器。

练 习 题

1. 车辆起动时如何正确操作？
2. 农用运输车的经济载重与经济车速是多少？
3. 车辆在行驶过程中油门如何控制？
4. 上坡停车、下坡停车和倒车有哪些操作技术？
5. 轮胎在使用过程中有哪些注意事项？
6. 农用运输车的安全驾驶基本原则是什么？
7. 农用运输车出现紧急情况如何处理？
8. 为什么三轮农用运输车易翻车？
9. 如何预防三轮农用运输车翻车？
10. 柴油在使用过程有哪些注意事项？
11. 农用运输车在使用中如何正确选用润滑油？
12. 农用运输车在使用中如何正确选用制动液？
13. 冷却液使用有哪些注意事项？

第四章　农用运输车辆的维护与保养

学习目标：

- 掌握农用运输车的保养要求
- 能熟练进行农用运输车初驶期的保养操作
- 能熟练进行农用运输车例行保养和一级保养操作
- 能完成农用运输车二级保养操作
- 了解农用运输车三级保养项目
- 掌握农用运输车季节保养和长期停放保养方法

农用运输车驾驶员必须按照技术保养的要求对农用运输车进行全面、系统的定期维护与保养。强制性定期保养是车辆使用中的重要工作，严格正确的保养能保证整车良好的技术状态和整洁的外观，能防止零部件早期损坏，避免发生故障，确保行车安全，保证较高的出车率，延长整车的使用寿命，获得最佳的经济效益。我们所说的保养就是在车辆正常使用期间定期采取的清洁、检查、添加、调整、紧固和维修等技术的总和。每种车辆都有自己的保养规程，通常都写在产品的使用说明书里。

农用运输车的保养分为例行保养和定期保养两类，例行保养是每日出车前后所进行的日常保养；定期保养也称为分级定期保养，根据行驶里程共有一级、二级、三级3个等级。

除了上述的定期保养外，在某些特殊情况下，还要进行一些必要的检查和保养工作。例如，新车或大修后的车辆在走合期内要进行磨合保养；当寒热季节变换时，必须增加一些适应季节变换的保养作业，这种保养叫做换季保养。此外，还有长期停车的保养等。

为了保证保养质量，应当备有必需的专用工具，一些要求较高的复杂操作或调整，应当请专业技术人员或送往专业单位进行调整。进行技术保养时，应特别注意环境条件，高级保养最好在室内进行，特别是在保养内部机件时，必须防止环境污染。

第一节　农用运输车辆的磨合保养

农用运输车的磨合期，也称初驶期，是指新车或大修后的或更换重要配件后农用运输车投入使用前要在规定的润滑、转速及负荷条件下运转一段时间，并在运转中进行必要的检查、调整和保养，使车辆的技术状态正常化之后，才能正式投入营运作业。

农用运输车的磨合期是对配合件的摩擦表面进行磨合加工的工艺过程，是保证农用运输车顺利过渡到正常使用期不可缺少的一个阶段。农用运输车磨合质量的好坏，对农用运输车的动力性、经济性、可靠性和使用寿命都有着重大的影响。有的人买回新的农用运输车后不按规定进行磨合就直接投入作业，致使机器的使用寿命大大缩短。

一、车辆初驶期的特点

1. 磨损速度快

农用运输车上有许多重要的运动配合件，在制造、修理过程中其工作表面虽然经过精细加工，但实际上仍留有加工余痕，存在微观的凹凸不平，加之新装配零件有较多的金属屑粒磨落，形成磨料磨损，使磨损速度加剧。进行磨合后，可将零件表面凸起部分逐渐磨平，获得能够承受全部负荷的光滑平整的工作表面，同时形成最佳的初始磨合间隙，这样不仅可以改善车辆的工作性能，还能延长整车的使用寿命。

2. 零部件易松动

车辆的某些零部件如螺钉、弹簧、传动带、气缸垫等，在装配时虽已紧固或调整合适，但一经负荷运转，可能产生塑性变形，出现连接松动及弹性变化等现象。通过磨合可以及时发现并重新进行紧固或调整，以保证这些零部件的正常工作。

3. 行驶故障多

车辆的某些零部件，在制造、修理和装配中虽然经过严格的技术检验，仍可能存在某些缺陷；另外，在运输过程中，也可能受到损伤，如发卡、过热、渗油等。通过磨合可以先行发现并排除，同时还可以对零部件在工作中的协调作用进行检查和调整，以提高车辆的整体可靠性。

4. 润滑油易变质

初驶期因零部件表面粗糙、配合间隙小，会使润滑油温度升高；同时较多的金属屑被磨落带进润滑油中，易使润滑油氧化变质。

二、车辆初驶期应遵守的原则

农用运输车只有在进行营运前做好充足的准备工作，才能减少事故的发生率，进行安全生产作业。

1. 思想上重视

磨合规程是一种技术性法规文件，而且不同机器的磨合规程有所差异，因此，在进行农用运输车磨合时，必须严格按照车辆的具体磨合规程认真执行，不得对磨合的内容任意取舍或相互搬用。

2. 合理组织磨合工作

为了降低消耗与提高工作效率，应当合理组织磨合工作。新车磨合可在接车时即开始磨合前的检查和准备，柴油机的空载磨合都可以在接车地点完成。在接车返回途中，可进行车辆的空载磨合。车辆的负荷磨合可结合运输作业进行。

3. 认真记录并保存技术档案

磨合采取的具体规范、执行人及时间，磨合中发生的问题及所采取的措施，磨合的最后结论等，都必须认真进行记录，并归入农用运输车技术档案备查。

4. 大修车也需进行磨合

大修后的农用运输车，启用前也要按新车磨合规范进行磨合；车辆使用中每次更换活塞环、气缸套和变速器齿轮等重要部件后，也应参照新车磨合规范进行短期磨合。

5. 正确合理操作

起动前先检查车况；起动后应低速运行，预热升温至 50～60℃方可起步；起动发动机以及停车时不要猛轰油门；起步、加速要平缓，换挡要及时，尽量避免紧急制动。

6. 注意观察并检查

行驶中应注意观察并倾听发动机和传动系统的工作情况；经常检查并紧固各连接部位紧固件；注意发动机的水温和机油的压力。若发现车辆有不正常现象时，应立即停车，排除故障后方可继续磨合，不允许带“病”磨合。

小常识

在行驶中，冷却水的温度应经常保持在 75～95℃范围内。发动机过热，造成充气量下降，润滑油黏度降低，润滑不良，机件磨损加剧，甚至造成机件卡死或烧毁等事故性损伤。正因如此，一些驾驶员错误地认为发动机温度越低越好，用拆去节温器的方法来强行降低水温。殊不知发动机过冷，燃料挥发困难，燃烧不完全，功率下降，油耗增大，柴油机工作粗暴；同时机油黏度增大，摩擦损失增加，散热损失增加，且燃油流入曲轴箱，冲刷机油，使润滑性能变差。

7. 限速

高速行驶同样能使发动机和传动机件的负荷增大，在磨合期间，一般农用运输车的最高车速不应超过 40 km/h，同时不得拆除限速装置。

8. 选用良好的道路行驶

行驶中应尽量选择良好路面，不要在路面坑洼不平、冰雪泥泞的道路上行驶，或不要爬过陡的坡道，以减少机件的振动、冲击，防止负荷过大。

三、车辆初驶期的磨合规范

磨合作业主要是对车辆进行清洁、检查、紧固、润滑和调整。这是一次复杂细致并且技术性很强的工作，因此，需要技术人员或有经验的驾驶员亲临参加指导。

农用运输车的磨合必须遵照一定的规程进行。磨合规程是通过科学试验和生产实践制定出来的。国产农用运输车的磨合规程都由厂家提出，一般分为工厂磨合和用户磨合两部分。工厂磨合是“调试性”的，由生产厂或修理厂装机后进行，主要目的在于检查装配质量和测试性能指标，时间很短，仅几个小时，达不到磨合的全部要求。用户磨合是“锻炼性”的，主要目的在于使运动配合件进行良好的磨合，提高车辆的可靠性，以适应全负荷作业，时间较长，几十小时，乃至几天的时间。农用运输车使用说明书规定了应进行的用户磨合规程，它主要包括以下基本内容。

1. 磨合前技术状态的检查和准备

磨合前应对车辆的技术状态进行认真检查，并做好以下各项技术工作。

（1）清除外表上的尘垢、油污及某些零件表面的防锈油脂。

（2）按要求向全车各润滑点加注润滑脂（打黄油）。

操作指南——加注润滑脂的注意事项

1）加脂过程务必保持清洁，防止机械杂质、尘埃和砂粒的混入。

2）注意定期加注和更换润滑脂，用润滑油枪加注润滑脂时，应压注到零件接合处有润滑脂挤出来为止。

3）润滑制动凸轮和制动销轴时，润滑脂不应过多，不能将润滑脂落入制动鼓内或粘在制动蹄摩擦片上。

（3）检查全车有无“三漏”现象和机油、齿轮油、液压油、冷却液面的高度，不足时补足。“三漏”指的是漏油、漏水和漏气。“三漏”的检查方法见表4—1。

表4—1　“三漏”的检查方法

“三漏”的内容		漏的位置	检查方法
油	柴油	发动机油路	在停车以后，过上一会儿检查停车的地面上有没有新鲜的油渍和水渍即可
	机油	在发动机里	
	齿轮油	主要在变速器里	
	液压油	主要在带有助力转向、助力刹车装置里	
水		主要是发动机散热器里的水和膨胀水箱里的水	
气		主要是指一些刹车方式为气刹的压缩空气	停车以后听听有没有“嘶嘶”的漏气声，或者是看看气压表显示的数值会不会减小即可

（4）检查车辆外部零件的完整性和紧固零件的紧固情况，有无短缺或损坏情况，有无松动现象，必要时进行修整、更换或紧固。

（5）检查轮胎气压，并按规定值将轮胎气压充足。

汽车的胎压在汽车的门边都贴有标记，一般是200～240 kPa左右，注意前后轮胎数值有时是不同的。长途行驶、夏季行驶时，建议轮胎气压稍高，以阻止轮胎因变形生热。

（6）检查风扇和发电机传动带的松紧度。

操作指南——检查、调整风扇传动带的张紧力的方法

用手按压风扇与发电机之间的传动带中部，约有98 N的力。如果传动带压下10～15 mm，表明风扇传动带张紧力合适。否则，应给予调整。调整时，可以移动发电机定位螺栓位置，来改变传动带张紧力。如果更换新的风扇传动带，检测张紧力时，传动带应压下8～10 mm。

（7）检查蓄电池、电解液液面的高度，检查方法见表4—2。检查各仪表、照明、信号、开关、按钮及附属设备工作情况。

表4—2　　蓄电池的检查方法

蓄电池分类	检查部位	检查及操作方法
免维护蓄电池	电眼的颜色	绿色为电量充足
		黑色为电量不足，需进行补充充电
		灰色或淡黄色为电解液不足，因免维护蓄电池无法加液，应立即更换蓄电池
铅酸蓄电池	电解液的液面高度	一般在蓄电池上都标有最低“min”液面的刻度，如发现液面低于最低限度时应及时补充，在电解液中添加蒸馏水是可以看出来的
		没有标志线，电解液加到高过极板10～15 mm便可
		有两条红线的蓄电池，电解液不能超过上边红线

（8）认真学习发动机使用说明书，了解发动机的结构特点、使用性能和操作方法，然后确定磨合方案。

（9）准备好磨合所需要的油料、物资、保养工具及测试仪器。

（10）在减压状态下用手摇转发动机检查曲轴转动情况，要求转动灵活，无障碍，无异响。

2. 发动机空转磨合

发动机无负荷运转即发动机的空转磨合，时间较短，一般为15～30 min，主要目的在于检查发动机的运转情况是否正常，为发动机的负荷磨合做准备。

具体方法为：按规定程序正确起动发动机。起动后以怠速、中速和高速空转运行各5～10 min。转速由低到高逐次平缓增加。

在起动过程中注意检查：

（1）各操作机构是否运转正常，发动机的起动性能是否良好。

（2）在各转速规范下空转时，应仔细检查发动机有无异常声响，机油压力或油压指示器是否正常；有无漏油、漏水、漏气；电气设备是否正常工作。

3. 农用运输车空载磨合

农用运输车空载磨合就是使车辆在不装载任何货物的情况下对车辆进行行驶磨合的步骤。空驶时，车辆没有牵引负荷，但需要克服行驶阻力，因此，实际上发动机和传动系统是在轻度负荷下进行磨合运转。空载磨合中，除继续检查发动机的技术状况外，应着重检查底盘的技术状态。

空载磨合是在发动机以中速运转情况下，逐次进行各挡的空载磨合，每挡的空驶时间为0.5～1 h。

各挡磨合中应注意检查：

（1）离合器的调整是否正确，分离是否彻底。

（2）换挡是否轻便，锁止装置是否可靠。

（3）经常地进行左右转弯，检查转向是否正常。

小常识

对转向系统的检查主要是指检查方向盘自由行程。方向盘自由行程是农用运输车转向系统各部件配合间隙的综合反映。当方向盘自由行程过大时，车辆转向迟钝，不但会增加能耗，还有可能发生严重交通事故。

（4）前进行驶时，在平坦路面上进行高速紧急制动，检查制动器的调整是否正确。

（5）变速器、后桥等处有无异常声响和漏油现象。

4. 农用运输车负荷磨合

负荷磨合也就是车辆行走方式下的磨合，各种农用运输车的负荷磨合时间不一定相同，但一般均大于20 h。

负荷磨合的关键是合理确定负荷数值及负荷施加方式。负荷要自小到大逐级增加，在不同的负荷下，各挡由低到高依次运转1～4 h左右。一般将应加的各级负荷数值，直接用作业项目表示，如以不同的载质量在公路上行驶进行磨合等，具体的可分为三分之一载重磨合和三分之二载重磨合两个步骤。

负荷磨合中，应严格按照磨合规范正确操作车辆，按时进行每班保养，并且要始终密切监视车辆的技术状况，如有反常变化，应及时查明原因，予以彻底排除。

（1）三分之一载重磨合是指车辆在标准载质量的三分之一的载重条件下，对车辆进行行驶磨合。

具体方法为：在一挡状态下行驶2.5 h，在二挡、三挡、四挡的状态下各行驶4 h。

（2）三分之二载重磨合是指车辆在标准载质量的三分之二的载重条件下，对车辆进行行驶磨合。

具体方法为：在一挡、二挡、三挡、四挡的状态下各行驶4 h。

只有经充分磨合后，农用运输车才可进行正常使用。

5. 磨合后的技术保养

（1）负荷磨合结束停车后，趁热放出发动机油底壳内的润滑油，放油30 min后再卸下油底壳、机油泵和吸油盘进行清洗，然后装复油底壳按规定加注新润滑油。

（2）趁热放出变速器和后桥中的润滑油，清洗变速器和后桥，清洗传动系统，按规定牌号和数量加入新润滑油。对农用运输车的液压系统也应照此处理。

操作指南——清洗变速器、后桥的方法

在变速器、后桥壳内注入洁净柴油，并用低挡使农用运输车前进、倒退数分钟，如此清洗后，将清洗后的柴油排放干净即可。

（3）停熄发动机，趁热按规定力矩重新拧紧缸盖螺母。

操 作 指 南

农用运输车上用螺栓、螺母连接的紧固件，如气缸盖、连杆轴承盖、曲轴轴承盖等，都应保证其螺栓螺母有足够的预紧力。预紧力过小，就不能保证其工作可靠，因此，有的驾驶员误以为预紧力越大越好，螺栓越紧越好。其实，若是螺栓拧得过紧，不仅使连接件在外力作用下产生永久变形，而且还会因螺栓产生拉伸永久变形，预紧力反而下降，甚至滑扣或折断，造成连接失败。

（4）清洗、保养燃油箱、加油滤网、柴油滤清器、机油滤清器及空气滤清器。

操作指南——清洗燃油箱的方法

首先拆除燃油箱上部的油位信号传输控制线，然后旋松固定支架上的螺栓。拆下螺栓后，关闭燃油箱出油口阀门，从柴油滤清器上拆下出油管，将燃油箱由支架上取出。打开燃油箱注油盖，将燃油箱中的柴油倒入一容器中暂存。这时向燃油箱中加入洁净的柴油，加入量为燃油箱的十分之一。盖好燃油箱盖，将燃油箱抱起，用力晃动燃油箱。在晃动的过程中，要使燃油箱向各个方向旋转，使燃油箱中的柴油在燃油箱中反复冲刷撞击，这样燃油箱中的沉淀物和污渍在柴油的冲刷下会脱落。然后打开燃油箱盖，倒出燃油箱中的柴油即可。

（5）更换冷却液并清洗冷却系统。

操作指南——清洗水箱和气缸水套的积垢方法

清洗液由750 g苛性钠（即烧碱）加10 L水再加150 g煤油混合而成。

清洗前将冷却系统中的水放净，有节温器的发动机先把节温器取出再把水管装好。将配制的清洗液注入冷却系统中，以清洗液为冷却介质，起动发动机中速运转5～10 min，使发动机温度达到70～80℃时熄火，让清洗液在发动机中停留10～12 h，再起动发动机，以中速运转10～15 min熄火，趁热放出清洗液，避免清洗液沉淀。最后再注入清水，以中速运转清洗2～3次，如果放出的水已清洁，即关闭放水阀。如有节温器的再把节温器装上，添足水即可正常工作。

（6）检查外部重要部位的紧固螺栓和螺母，如有松动，必须拧紧。特别要注意检查缸盖螺母、发动机前后支撑、变速器及后桥前后支撑等部位的紧固情况。

（7）检查离合器、制动器等的调整情况，必要时重新调整。

（8）检查和调整气门间隙。气门间隙是指发动机在冷态下，当气门处于关闭状态时，气门摇臂与气门脚之间的间隙。至于间隙的大小，因厂家设计不同而不一致，通常进气门间隙在0.2～0.25 mm之间，而排气门间隙由于受热膨胀比进气门间隙大，一般在0.29～0.35 mm之间。发动机气门摇臂与气门之间经过长久的动作及磨损，间隙会越变越大，所以必须进行气门间隙的调整。

操作指南

间隙过大，会使进排气门开启迟后，缩短了进排气时间，降低了气门的开启高度，使发动机因进气不足、排气不净而功率下降，并使配气机构零件的撞击增加，磨损加快。间隙过小，会使发动机工作后，零件因受热膨胀，将气门推开，使气门关闭不严，造成漏气，功率下降，并使气门的密封表面严重积炭或烧坏，甚至气门撞击活塞。

气门间隙的检查与调整，可以采用逐缸调整法，也可利用简单易行的“双排不进法”。其中，“双”是指气缸的进排气门间隙均可调，“排”是指气缸仅排气门间隙可调，“不”是指气缸的进排气门间隙均不可调，“进”是指气缸仅进气门间隙可调。具体操作方法如下：

1）拆下气门室盖。拆下气门室盖的固定螺母，小心取下气门室盖，注意不要损坏气门室盖衬垫。用抹布擦净气门及摇臂轴上的油污，以方便气门调整作业。

2）找到一缸压缩上止点。用摇手柄转动曲轴或撬动飞轮，从发动机前面看，曲轴带轮的正时凹坑与正时记号对准，此时是一缸处于压缩上止点或是四缸处于压缩上止点。所以在转动曲轴时应观察四缸的排气门打开又逐渐关闭到进气门开始动作瞬间，四缸在排气上止点，即一缸在压缩上止点。

3）第一遍调一半气门。在一缸活塞转到压缩终了上止点时，按双、排、不、进调整其中一半气门的间隙，见表4—3。

表4—3　　四缸发动机两种工作顺序时可调气门排列表

工作顺序	1	3	4	2
	1	2	4	3
第一遍（一缸在压缩上止点）	双	排	不	进
第二遍（四缸在压缩上止点）	不	进	双	排

4）第二遍调另一半气门。曲轴转动一周，将四缸达到压缩行程上止点，仍按双、排、不、进调整余下的一半气门的间隙，如表4—3。

5）测量气门间隙。如图4—1所示，首先松开气门调整螺钉的锁紧螺母，把规定厚度的塞尺插入气门间隙处，一手抽拉塞尺同时转动调整螺钉，直到塞尺稍微受到阻力为止。调整妥当之后，塞尺插到气门间隙中央，调整螺钉保持不动，拧紧锁紧螺母锁紧调整螺钉。锁好螺钉后，再用塞尺重新测量气门间隙，因为可能在锁紧时无意转动了调整螺钉，使气门间隙改变。如果气门间隙改变，应重新调整到符合要求为止。

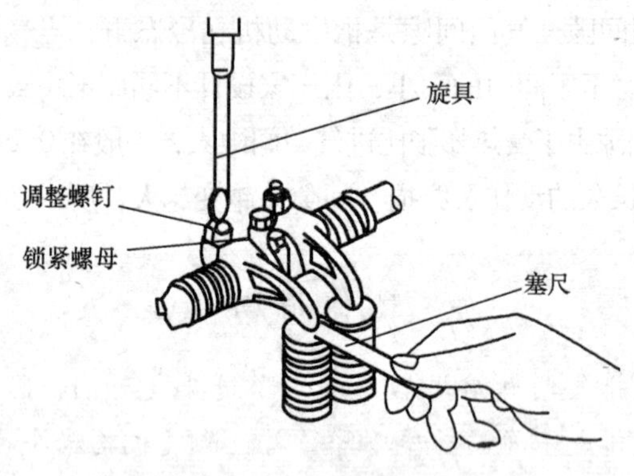

图4—1　气门间隙的调整

（9）检查风扇和发电机传动带的松紧度。

操作指南

农用运输车上的水泵、发电机、油泵等都是用V带传动的，当传动带松弛时就会产生打滑，从而降低传动效率，加快传动带磨损。如果传动带有拉毛、裂纹或橡胶老化等缺陷，就会造成传动带张紧力不够，这样会使发动机产生过热现象，并使其转速降低，致使电压不足。而传动带过紧不仅因拉伸过度而缩短传动带使用寿命，还会造成带轮轴弯曲，轴承和轴磨损加快。

第二节　农用运输车辆的常规维护与保养

对农用运输车进行日常维护和定期保养是延长其使用寿命的重要保证。由于各地的农用运输车运行条件、使用技术、修理质量等各有差异，保养间隔里程也应有差异。因此，对保养间隔里程不作硬性规定。表4—4中保养间隔里程仅供参考，如使用条件差、路况不佳、使用环境粉尘量大、环境恶劣，可以适当缩短保养间隔；路况条件好、使用环境粉尘少，可以适当延长保养间隔，但不能超过保养间隔的10%。

表4—4　　在一般道路条件下行驶时车辆保养间隔里程表

保养级别	三轮农用运输车行驶里程（km）	三轮农用运输车行驶时间（h）	四轮农用运输车行驶里程（km）	四轮农用运输车行驶时间（h）
日常维护	每日进行			
一级保养	1 000	40	1 500	60
二级保养	5 000	200	5 000	200
三级保养	20 000	800	30 000	1 200

一、每日保养

日常保养在每日出车前、出车后、行驶途中的间歇时间进行。日常保养的中心是检查和维护。

1. 出车前检查项目

（1）发动机起动前，应进行下述检查：

1）清洁农用运输车的外部。

2）检查门窗玻璃与门锁、后视镜、刮水器是否完好。

3）检查燃油箱内的燃油量、水箱水位、柴油机油底壳机油的油量、制动油杯中的制动液是否充足，不足时予以补充。

操作指南——机油油位的检查

首先确保车辆停在平稳的路面上，提高油位检测的准确度，如果停在凹凸不平或坡道，则将车移至平稳路面，然后熄灭发动机，等5～10 min，让一些停留在发动机上部的机油有充分的时间流入油底壳。然后，取出机油尺用干净的棉布擦干净，再将机油尺重新插入发动机机油尺孔中，静等几秒让机油能完全黏附在机油尺上。最后，取出机油尺，观察机油尺上的机油痕迹最高处位置是否在规定范围内。

4）检查轮胎气压是否符合要求。

5）检查车箱和货物是否牢固。

6）检查随车工具是否齐全。

（2）发动机起动后，应进行下述检查：

1）检查运转是否正常。

2）检查油箱、水箱及其管路和各接头有无渗漏（漏水、漏油、漏气）现象。

3）检查灯光、电喇叭、仪表的工作是否正常。

4）检查离合器、变速器、转向系统、制动系统各部连接是否牢固，工作是否正常。

2. 途中检查项目

（1）行驶中应注意倾听发动机和底盘有无不正常杂音和气味。

（2）行驶中应注意离合器、制动系统、转向系统和仪表的工作情况，如有异常，应立即停车检查处理。

（3）途中停车，应检查轮胎气压；清除轮胎表面的杂物；检查制动器有没有拖滞发热的现象；检查有没有漏油、漏水、漏气的现象；检查转向系统、操纵系统各连接部位是否牢靠；检查货物装载是否安全、牢固。

3. 停车后保养项目

（1）要清洁车体外部及驾驶室的内部。

（2）检查是否有漏水、漏油、漏气现象。

（3）及时补充燃油、润滑油。

（4）检查冷却系统的情况。夏季要定期更换软化水，避免水垢、泥沙堵塞；冬季收车后要将水放干净，防止冻坏气缸体（加注防冻冷却液的除外）。

操作指南

有些农用运输车驾驶员在冬季停车后马上放掉冷却水，这样做的危害非常大，原因是冬季外界温度很低，拖拉机刚停车时，其冷却水的温度仍然很高，如果此时立即放掉冷却水，与水接触的缸体外表面骤然冷却、收缩，而缸体内部温度较高，收缩较小。这样，缸体由于内、外温度差较大而使缸体和气缸盖产生变形和裂纹。正确的做法是：在拖拉机停车后，稍停一段时间，待水温降至40℃以下时，再放冷却水。

（5）检查各重要连接部位有没有松动。

（6）检查钢板弹簧及减振器的状况。

（7）检查轮胎气压状况，并清除轮胎纹理中的杂物。

（8）保持柴油机的清洁，尤其要保持电气设备的清洁和干燥。

（9）清除水箱、散热器片上的尘土。

（10）如果是新车，在试转50 h以后，要更换油底壳、喷油泵及调速器内的机油。清洗机油滤清器的滤芯、油底壳、机油集滤器滤网；更换变速器和后桥的齿轮油。

操作指南——变速器齿轮油的更换

齿轮油的加注量一定要按规定执行。如加入量过大时，会严重加大齿轮运行阻力，增加发动机燃料油耗。齿轮油加入量在某些型号的农用运输车上是以注入口的位置为标准的。当齿轮油的液面与注油口一平时，齿轮油由加油口溢出，就说明加油量合适了。这时即可上紧注油口螺栓，完成齿轮油的更换。

（11）冬季气温低于－20℃时，要拆下放在露天的农用运输车蓄电池，放到室内进行保温。

二、一级保养

一级保养的中心工作是检查各部和润滑系统，紧固全车连接部位。

（1）执行日常保养全部项目。

（2）清洁车身和各个总成的外部。

（3）检查风扇和发电机传动带的松紧度，过松过紧都应及时调整。

（4）全面检查整车各连接部位紧固件是否松动，如有松动需紧固。重点检查以下各项：

1）检查柴油机、变速器与车架的连接。

2）检查飞轮壳与离合器壳的连接。
3）检查传动轴万向节叉与法兰盘的连接。
4）检查减速器壳与后桥壳体间的连接。
5）检查后桥半轴驱动法兰盘与车轮的连接。
6）检查各轮胎螺母的松紧度。
7）检查钢板弹簧U形螺栓的松紧度。
8）检查转向系统纵横拉杆球铰链的连接。
9）检查转向壳体与边架的连接。
（5）检查进气管、排气管接头有无漏气，是否紧固。
（6）检查液压制动系统各接头处有无漏油现象。
（7）检查蓄电池内部液面及放电情况，必要时应添加蒸馏水或充电。
（8）检查柴油机、变速器、转向器及后桥壳内油面的高度，不足时应添加至规定的高度。
（9）按照说明书润滑表进行润滑。
（10）按照规定检查和补充轮胎气压。
（11）检查制动油杯中的油液是否充足，不足时予以补充。
（12）清除空气滤清器纸芯的积尘，如有破损应更换滤芯。
（13）更换油底壳机油，清洗或更换机油滤清器的滤芯。
（14）检查气缸盖螺栓的紧固情况。
（15）检查气门间隙是否符合规定，必要时进行调整。
（16）清除排气管和消声器内的积灰。
（17）向离合器踏板轴注入润滑油。

三、二级保养

二级保养的中心工作是检查清洗柴油机、检查调整底盘部分。
（1）执行一级保养的全部项目。
（2）清洗柴油机机油滤清器和曲轴箱，并更换机油。

操作指南——发动机机油的更换和油路的清洗

发动机熄火后，趁热拧下放油螺塞，放净脏机油，然后拧紧螺塞。将清洁的清洗用柴油加入油底壳中，手扳减压杆，快速摇转曲轴3～4 min后放净清洗油，待油底壳不滴清洗油后，将放油螺塞拧紧，加入新机油至规定油面，摇转曲轴2～3 min，以便使新机油挤尽各相对运动件表面间的清洗油，使之形成新的油膜。

（3）用清洁的柴油或煤油清洗柴油滤清器滤芯和壳体，如果有堵塞，要更换滤芯。

（4）清洗燃油箱，检查喷油器喷油压力和雾化情况，必要时清洗针阀偶件，调整喷油压力，如图 4—2 所示。

（5）检查喷油泵的工作情况及供油提前角，必要时重新调整。

操作指南

喷油泵、喷油器及调速器在出厂前均经过调整，有的还加以铅封，在使用中不要轻易拆开、随意调整。柴油机油路有故障时，应先从喷油泵前、后油路进行分析排除。确定故障发生在喷油泵时，需要专门的技术人员对喷油泵拆检。拆检应在清洁的地方进行，并应有专用的设备检查、调试。

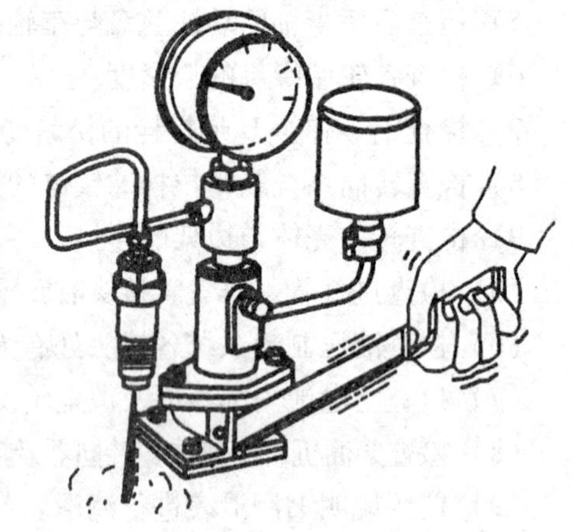

图 4—2　喷油器的检查

（6）检查制动器，清洗制动分泵，同时用新的润滑脂对活塞皮碗进行润滑。

（7）前后轮交叉换位，检查前轮的摆动情况。

（8）检查离合器踏板自由行程、检查制动器手柄行程，必要时进行调整。

操作指南——检查离合器踏板的自由行程和离合器间隙

1）离合器踏板自由行程的检查调整。离合器踏板自由行程的正常距离为 20 ~ 30 mm，如不符要求应进行调整。松开拉杆紧固螺母拔出开口销，抽出销轴，转动离合器拉杆接头以改变拉杆的工作长度，从而改变踏板的自由行程。调好后安装上，将螺母锁紧，并重新检查离合器间隙。离合器接合时，分离轴承不应随着转动。

2）离合器间隙的检查调整。离合器在使用中，由于传动杆件及摩擦片的磨损，必须定期对离合器间隙进行检查调整。把 0.5 mm 厚的塞尺分别插入 3 个分离杠杆头与分离轴承之间，若感到过松或过紧，应进行调整。松开锁紧螺母，拧动调整螺母，推拉塞尺，感到有轻微阻力时，表明离合器间隙合适，然后将锁紧螺母锁紧。调好后，3 个分离杠杆应在同一旋转平面上，相互间的误差不得超过 0.05 mm。

小常识

离合器分离轴承是一种含油轴承，保养时不得进入煤油、汽油，以防失效。发现离合器轴承损坏，要及时更换。

（9）检查前束是不是标准。

为抵消前轮定位中前轮外倾产生的不良影响和减轻前轮胎的磨损，调整两个前轮前端在水平面内略向里收束一段距离，称为前轮前束。

操作指南——前束的检查与调整

检查前束值一般在专用前轮定位仪上进行。如果没有该设备，可利用简易工具进行检测，如采用卷尺，方法如下：

将前轮架起使其刚刚离开地面（两轮同等高度），车轮能转动。用划针在规定的前束测量处（胎面中心线上）做上标记，两边标记离地面的高度为车前轮中心水平高度（为缩小测量误差，记号应做得精确），量出标记间的距离 R，再将车轮转过半圈，标记转到后面（离地面的高度同前），再量出其距离 A，$A-R=$ 前束，如图4—3所示。

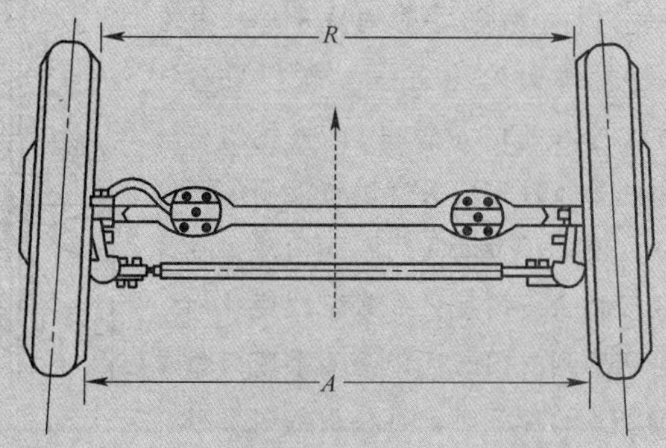

图4—3　前轮前束

如果前束不符合规定，可改变横拉杆的长度进行调整。将横拉杆锁紧螺母松开，用手转动左、右横拉杆，调节左、右横拉杆的长度，即可调整出所需要的前束值。前束值过大，必须缩短横拉杆；反之，则放长横拉杆直到符合规定为止，调整好后将锁紧螺母拧紧。

（10）检查方向盘的自由转动量（农用运输车方向盘自由行程角度为15°~20°）。

操作指南——检查方向盘的自由转动量的方法

1）检查转向节各固定螺栓是否松动、磨损，如果螺栓松动要及时紧固，发现磨损应立即更换。

2）检查转动机构的纵横拉杆有没有弯曲、松动及磨损。如发现螺栓松动应立即紧固，纵横拉杆出现弯曲要进行调整后再安装，对于磨损严重的纵横拉杆要及时更换。

3）转向器螺栓的连接情况也要进行检查，发现松动及时紧固。如有裂痕，立即更换。

（11）检查减振器弹簧压力。

（12）检查进气门、排气门与气门座的密封情况，必要时进行研磨修正，并重新调整气门间隙。

操作指南——检查气门密封性的方法

检查气门密封性的方法有渗漏法、笔划法、涂油法等。用渗漏法检查时，将进气门、排气门、气门弹簧等零件按要求装在气缸盖上，分别从气缸盖的进、排气道中向密封处加入适量煤油，再从气缸盖底面观察气门与气门座之间有无渗油现象。3～4 min之内无渗油现象，表示密封良好，否则需要研磨。

操作指南——研磨气门的方法

如图4—4所示，将气门杆、气门导管内洗干净，并涂上少量机油。在气门密封锥面处抹上一层粗研磨砂（注意不能抹得过多，防止掉入气门导管中），将气门杆放入气门导管中，用气门捻子吸住气门头部进行互研。研磨时一边用手指搓动木柄，使捻子带动气门在气门座上往复转动，一边提起气门轻轻拍击气门座，并频繁改变气门与气门座的相对位置。当研磨到气门与气门座两个密封锥面都出现一条无光泽连续整齐的环带时，再换用细研磨砂继续研磨片刻，最后洗净研磨砂，涂上机油，研磨片刻。

研磨时要注意，一次研磨时间不要过长，如果经检查漏气还可以继续研磨。

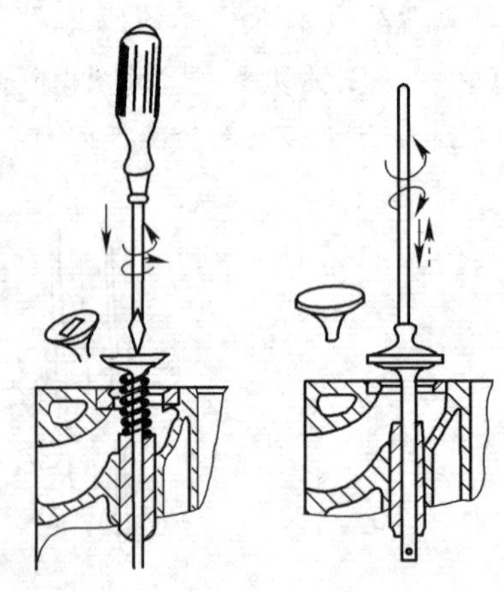

图4—4　研磨气门的方法

（13）检查连杆螺栓、主轴承螺栓及飞轮螺栓的连接情况，同时按规定紧固气缸螺栓。

（14）清洗水箱和气缸水套的积垢。

（15）检查节温器的工作情况。

操作指南——节温器的检查

拆下的节温器应先清洗干净。然后在节温器顶阀门与阀座之间夹入一张厚为0.05 mm的薄铁片，把节温器放入一个装水的容器中，给容器加热，不断搅拌热水并用温度计测量水温。当薄铁片可以从节温器阀门处拉出时，温度计读数应为70℃±2℃，即为节温器的开启温度。继续加热到节温器全开时温度应为80℃±3℃，顶阀全开时，其升程不得小于9 mm。如不合要求应换新件。

（16）检查水泵滴水孔的泄水情况，如果滴水严重，要更换水封。

（17）检查钢板弹簧U形螺栓及吊耳的工作情况。

（18）每间隔两次二级保养要检查保养起动机一次。

（19）每间隔三次二级保养要检查保养发电机一次。

（20）每间隔三次二级保养要清除发动机活塞顶部的积炭。

四、三级保养

三级保养的中心工作是对农用运输车进行全面保养，主要部位拆开检查，消除隐患。

（1）完成二级保养全部内容。

（2）拆开检查清洗变速器、后桥，更换磨损严重的零部件、齿轮油。

（3）拆开检查前桥、转向器、减振器，更换磨损严重或有裂纹的零部件，添满润滑油和液压油。

（4）拆卸、调整离合器，向分离叉支撑衬套加注润滑油；检查离合器摩擦片的磨损情况，必要时进行修理或更换。

（5）拆开检查制动器，清洗并润滑半轴轴承和制动蹄轴，调整制动蹄与制动鼓之间的间隙，必要时更换制动蹄或制动鼓。

（6）检查轮胎磨损情况，并将左右两轮胎换位使用。

（7）检查驾驶室门窗的密封情况，必要时加以修整或更换；润滑各铰链及门锁活动部位。

（8）检查车架各焊接部件是否有裂纹等缺陷，如有必须及时修理。

（9）检查修整车箱底板。

（10）拆开检查发电机、起动机，进行清洗及润滑，并更换磨损严重的零部件。

（11）拆下气缸盖，检查气门、气门座和气缸盖以及其他零部件的情况，去除气缸盖、气缸套、活塞及活塞环上的积炭，同时清洗干净。

（12）检查和测量活塞及活塞环的磨损情况，必要时更换活塞环和活塞。

（13）检查和测量气缸套内壁的磨损情况，严重的要更换。

（14）检查和测量曲轴各轴颈的磨损情况，并清洗曲轴各油道。

（15）检查主轴承瓦和连杆瓦的磨损情况，严重的要更换。

（16）清洗机体油道并更换机油。

（17）检查蓄电池的电压和电解液的密度，室温20℃时电解液的密度正常应该为1.27～1.28 g/cm^3。如果密度降低到1.14 g/cm^{3}时要进行充电。电解液面应保持高出极板10～15 mm。不足时加蒸馏水，并清理蓄电池通气孔。

五、注意事项

车辆经三级保养后，应进行路试，路试发现有不正常现象，应予以消除。

路试时要注意以下几点：

（1）试验制动性能（跑偏量、制动距离）应在允许范围内，且不应有抖颤现象和不正常响声，将车辆停在坡道上，将驻车制动器（手刹）拉起，车辆应停止不动。

（2）发动机在加速、减速、空载或重载等情况下运转时应无不正常响声。

（3）试验车辆在不同挡位工作时的加速性能是否良好。

（4）在路试一段里程后，手摸制动鼓、变速器体、后桥壳处不应过热。

第三节　农用运输车辆主要零部件和机构的维护保养

一、发动机的保养

发动机是汽车的心脏，保养的好坏直接影响着汽车的性能和它的使用寿命。因此，在使用中必须进行保养发动机。

（1）经常检查油底壳中的机油油位和机油质量，不足时添加；按季节使用规定标号的机油。

（2）定期更换机油和机油滤清器，更换机油时要放尽旧机油，彻底清洗各部油路，然后加入新机油。

（3）定期调整气门间隙；定期清除气门和气门座的积炭；检查气门密封性；检查调整凸轮轴的轴向间隙，保证其间隙在规定的范围内；清除燃烧室及进、排气管的积炭。

（4）定期清洗冷却系统；水箱内经常保持清洁，缺水时要加添软化水，不得使用硬水和脏水。

（5）发动机工作时，水温保持在 75 ~ 95℃，发动机过热时不能骤加冷水；冬季停车要把水放净，防止冻坏水箱和水套。

（6）使用的燃油需符合规定要求，保持清洁，不得有杂质和水分，燃油加入燃油箱前经充分的沉淀（应不少于 48 h）。

（7）定期清洗燃油系统，更换柴油滤清器和空气滤清器的滤芯，检查喷油器的喷油压力；

（8）定期检查更换喷油泵、调速器内的机油，使其保持正常油位。

（9）经常检查各部位的调整螺栓，以免造成松动而损坏机件。检查并调整空气压缩机、发电机等各传动带的松紧度。

（10）注意磨合使用。无论是新的还是大修后的发动机，都必须按规范进行磨合后，方能投入正常作业，这是延长发动机使用寿命的基础。

小常识

润滑油（柴机油）不纯净，会使精密的配合机件磨损，配合间隙增大，造成漏油、滴油、间隙变大，甚至造成油路堵塞、抱轴烧瓦等严重故障；若空气中含有大量尘土，将会加速缸套、活塞和活塞环的磨损；若冷却水不纯净，会使冷却系统水垢增加，妨碍发动机散热，润滑条件变差，机件磨损严重；若机体外表不净，会使机体受到腐蚀，缩短使用寿命。

二、底盘的保养

汽车底盘的保养往往被人视作可有可无，远没有发动机和车身那么受人重视，其实汽车底盘是否保养得法，直接关系到汽车的安全性、操控性、舒适性和经济性等各种关键的性能，丝毫不能掉以轻心。汽车底盘的养护和发动机的养护有很多相似之处，需要及时检查。

（1）经常检查各重要总成机油情况，包括变速器、制动系统、动力转向系统。

注意添加的机油一定要和原有的是同样的规格牌号。

（2）检查离合器片和刹车片的磨损情况，必要时进行修理或更换。

小常识

刹车片和离合器片这两种摩擦片都是消耗品，使用一段时间后就会损耗，丧失原有功能，如不及时更换就易酿成车祸。

在阴雨、潮湿的天气，摩擦片会吸收水分，摩擦力就会显著降低。此时，在汽车刚起动时就应先轻踩几下制动踏板和离合器踏板，利用摩擦产生的热量将摩擦片上的水分蒸发掉，然后再出车。

（3）检查轮胎、半轴、钢板弹簧等涉及运行安全部位的紧固螺栓和螺母是否松动，如发现松动，应按规定力矩拧紧。

（4）检查方向盘、离合器、制动踏板自由行程是否符合标准，必要时进行调整。

（5）检查和调整踏板的自由行程、方向盘的游隙以及前轮轴承、转向节；检查调整拉杆的连接情况；检查前轮定位是否正确及汽车的制动性能。

（6）检查并紧固前后板弹簧U形螺栓、变速器、传动轴、主减速器及半轴各连接螺栓。

（7）检查轮胎外表、轮胎气压并充气。

（8）定期检查清洗变速器、后桥，更换磨损严重的零部件

三、电气设备的保养

（1）经常检查电喇叭、灯光、刮水器、后视镜、牌照等外部是否齐全、有效。

（2）经常检查蓄电池表面是否清洁，并及时清除脏物；定期检查蓄电池安装是否牢固，线夹与极桩的连接是否牢固，并及时清除线夹和极桩上的氧化物（在其表面涂上黄油可防止氧化）；定期检查电解液的液面高度。

（3）起动机外部经常保持清洁；各连接导线，特别是与蓄电池连接的导线，应保证连接牢固可靠；定期检查与清洁换向器，擦去换向器表面的炭粉和脏污；定期检查测试电刷的

磨损程度以及电刷弹簧的压力。

(4) 交流发电机外部经常保持清洁；各连接导线应保证连接牢固可靠；汽车行驶一定里程后，适当调整发电机传动带的紧张度；注意轴承的磨损程度；定期清洁整流器，如积垢，可用细砂布磨光；定期检查测试电刷的磨损程度以及电刷弹簧的压力。

第四节　农用运输车辆换季与长期存放的维护保养

所谓农用运输车的换季保养是指进入夏季或冬季时，为避免气温的变化给汽车造成恶劣性的损坏，在换季入冬之时以防冻为中心，仔细查明车辆各总成部件存在的种种安全事故隐患，及时予以消除，确保车辆处于完好的技术状况，延长其使用寿命。换季保养可结合一级技术保养和二级技术保养同时完成。

一、入冬前进行的保养

农用运输车在冬季使用时，由于气温很低，润滑油的黏度相对增加，流动困难，甚至发生凝结、堵塞等现象；同时由于润滑油黏度增加，使发动机起动阻力增大，起动转速偏低，压缩行程时气体从活塞及缸壁间漏失量大，并且散失热量相对增多，将造成发动机起动困难；而且道路常积雪结冰，增加行驶困难，降低牵引性能，并且容易发生事故。因此，入冬前农用运输车要做一次全面的技术保养。

(1) 放出油底壳机油，加入冬季使用的防冻机油。

(2) 放出变速器、后桥中的齿轮油，加入冬季使用的防冻齿轮油；转向器使用中负荷齿轮油。

(3) 准备好冬季作业需用的燃油，气候寒冷地区必须选用合适牌号的燃油。燃油的凝固点应低于当地最低气温 3 ~5℃，以保证最低气温时柴油不致凝固，失去流动性。

操 作 指 南

当气温过低时，柴油中可加入一定的煤油稀释。如气温在 −20 ~ −3℃时，煤油加入量为 10%，气温在 −30 ~ −25℃时，加入量为 25%。

(4) 清洗车轮轴承，并换上滴点较低的轴承润滑脂。

(5) 在冷却系统内，加注防冻液；为拖拉机发动机、水箱散热器、燃油箱等准备好必要的保温套。

(6) 注意蓄电池的使用。调整蓄电池电解液的密度，以避免冻结，冬季密度为 1.27 ~1.28 g/cm^3；如气温过低，应对蓄电池采取保温措施。

（7）调整发电机调节器，适当增加充电电流和电压（一般提高0.6 V），以保证向蓄电池经常充足电。

小常识

当发电机充电电压过低时，蓄电池因充电不足，电压容易下降，从而给汽车发动、照明造成困难。于是有驾驶员将充电电压值调得过高，这样尽管充电足了，但会导致蓄电池的电解液温度过高，水分蒸发过快，蓄电池使用寿命缩短，同时过高的电压还易烧坏农用车电器，造成故障。

（8）关闭机油散热器。

（9）离合器分离轴承要加注钙基润滑脂。

二、入夏前进行的保养

（1）放出油底壳机油，加入夏季使用的黏度较大的机油。润滑油黏度大可提高润滑油性能，加强密封性。更换拖拉机的润滑油时，要对机油滤清器、集滤器、油底壳彻底清洗一遍。

（2）放出变速器、后桥及转向器内齿轮油，加入夏季使用的齿轮油。

（3）清洗车轮轴承，并换上滴点温度较高的轴承润滑脂。

（4）注意蓄电池的保养。夏季蓄电池电解液中水分容易蒸发，应注意液面的检查，正常液面应高出极板1～15 mm；蓄电池的电解液密度应按规定调小，夏季电解液密度为1.24～1.25 g/cm^3；加液口盖上的通气孔要多加疏通。

（5）调整发电机调节器，适当降低充电电流和电压。

（6）清洗水箱和气缸水套的积垢，防止出现发动机过热现象。

（7）调整轮胎气压。为避免夏季爆胎，轮胎充气时以低于标准压力的2%～3%为宜。

小常识

有些驾驶员认为夏季天热，水温越低越好，常将节温器拆去，这样做在冷车起动时，将大大延长发动机的预热时间，加速零件的磨损。因此，在夏季也不应把节温器拆下。

三、长期存放前的保养

农用运输车如果长期不用，在存放前应对其做一次精心的保养，否则，其技术状态就会恶化、使用寿命缩短。其保养要点是：

（1）停车后应趁热放净机油、燃油、润滑油；放净机体及水泵壳体中的冷却水，放完水后，再摇转曲轴数圈，以防水泵内存水；清除空气滤清器上的尘土；清洗油底壳和滤网。

（2）将经过过滤和脱水处理的机油加回油底壳至机油标尺上刻线并转动曲轴，让整个润滑系统充满机油。

操作指南——脱水机油的制作

将过滤后的机油加热到110～120℃，使其中的水分蒸发，直到泡沫完全消失即可。

（3）各油嘴应注满黄油，并保持油嘴表面清洁。

（4）松开发动机、水泵等传动带，或拆下单独挂起存放，切忌沾油。

（5）卸下蓄电池，放在通风、干燥的室内。为保持蓄电池有充足的电量，应每隔15～20天充一次电。

（6）将变速手柄放在空挡位置。

（7）清洗整个车身。

（8）拆下进气管，自进气道往每个气缸内加注300 g脱水机油，再转动曲轴，使机油附着在活塞、活塞环、气缸套及气门密封面上。

（9）用塞子堵住排气管口，用黄油封住其他孔口。

（10）V带轮等未涂漆的金属表面，涂抹防锈油。

（11）为保持轮胎正常气压，用木垫块将车架起使轮胎悬空。注意不能把轮胎中气放掉，且不要粘油。

（12）车辆应停放在干燥、通风的地面上，远离火源。有条件的汽车应放进车库内，避免与酸、碱等或腐蚀性物质（如化肥、农药）存放在一起。如果不得已必须露天存放，要用篷布遮盖。

练 习 题

1. 农用运输车在磨合期应遵守哪些原则？
2. 发动机空转磨合的操作规范是什么？
3. 农用运输车负荷磨合的操作规范是什么？
4. 农用运输车磨合后的技术保养要点有哪些？
5. 农用运输车每日出车前、行驶途中、停车后要检查哪些项目？
6. 农用运输车的一级保养项目有哪些？如何操作？
7. 农用运输车的二级保养项目有哪些？如何操作？
8. 农用运输车的三级保养项目有哪些？
9. 农用运输车发动机的保养项目有哪些？
10. 农用运输车底盘的保养项目有哪些？
11. 农用运输车电气设备的保养项目有哪些？
12. 农用运输车换季时如何保养？
13. 农用运输车长期存放前如何保养？

第五章　农用运输车辆的常见故障及排除方法

学习目标：

- 了解农用运输车辆常见故障的现象
- 了解故障诊断的基本程序
- 了解维修过程中的注意事项
- 掌握常见故障的排除方法
- 掌握突发事件应急处理的方法

农用运输车辆在使用过程中，由于操作、保养、自身质量和使用磨损等原因，会出现这样或那样的故障，轻则使车辆性能下降，重则导致车辆无法使用。农用运输车辆的故障按出现的部位大致分为发动机、底盘和电器3部分。

柴油机常见的故障有不易起动、动力不足、有异响、烟色不正常等。

底盘常见的故障有离合器打滑、换挡困难、变速器有异响、制动失灵、转向困难、转向摆动、方向跑偏等。

电气系统常见的故障有灯光发暗、发电机发电量不足或不发电、电喇叭不响或沙哑等。

上述故障如果不及时排除，就可能导致小问题变成大事故，造成不必要的经济损失，甚至危及人身安全。

第一节　柴油机的常见故障及排除方法

柴油机是农用运输车辆的动力装置，其技术状况直接影响整车的经济性和动力性，柴油机结构相对复杂，故障现象也比较多。

一、柴油机起动困难或不能起动

1. 不能顺利着火

在起动时，如出现柴油机能够转动，排气管也排烟，但起动困难，常见的原因如下：

（1）柴油机气门间隙不正常。柴油机气门间隙过大，会造成进气不足，导致起动困难；气门间隙过小，会导致气门关闭不严，严重会烧气门，使得起动困难。

（2）喷油泵供油提前角不准确。由于柴油机在运转中存在振动，喷油泵万向节固定螺栓松动，使供油提前角发生改变，造成供油正时失准，导致起动困难。

（3）喷油泵调速器齿条发卡、转动不灵活。

（4）喷油泵柱塞磨损过大。喷油泵柱塞副如磨损，喷油泵内漏增加，柴油供应压力及供应量不足，将造成柴油机起动困难。

（5）喷油器喷油雾化不良。多数原因是喷油嘴偶件磨损、卡滞、甚至烧死后，进入气缸内的柴油不能充分雾化，使柴油压缩着火时温度变高，造成柴油机起动困难。

排除方法为：如系上述原因，可分别采取调整气门间隙、校正供油提前角、清洗和检修调速器、更换喷油泵柱塞副、更换或校正喷油嘴偶件等方法排除故障。

2. 在起动时柴油机不能转动

（1）在较长时间停放后第一次起动，柴油机不能转动。这种情况多为蓄电池极柱接触不良，使起动线路未接通；蓄电池线路内部断路，线路不通；蓄电池存电量不足，不能带动起动机旋转；起动线路本身有断路之处；起动机磁力开关有故障；起动机齿轮未能与柴油机飞轮齿圈啮合等。

（2）在柴油机运行中，出现异常响声突然熄火，再起动时柴油机不能转动。这种情况多为抱瓦、黏缸、曲轴或连杆折断；进排气门卡住或挺杆卡死；活塞顶部有异物，导致柴油机不能起动。

小常识

对于新购买的车辆，并且还在保修期内，如果出现问题应该及时和销售商或该产品售后服务厂家联系（产品说明书或者其他随车文件上有相应的说明和联系电话），不可自己对车辆进行拆修，以免对三包索赔造成不必要的麻烦。

二、柴油机工作时冒烟

柴油机在正常工作时，其燃料在气缸内完全地燃烧，所排除的废气应当是无色透明的气体，或者是带点淡蓝色或淡灰色的气体。柴油机的排烟不正常一般可分为冒黑烟、白烟和蓝烟3种，烟的颜色不同其形成原因也不同，白烟和蓝烟一般随着发动机在正常工作后可自行消失，而黑烟是可燃混合气不能完全燃烧造成的，同时还伴随有油耗增加、动力下降等现象。

1. 冒黑烟

柴油机工作时排气管冒黑烟，是喷入的柴油没有得到充分燃烧造成的。没有完全燃烧的柴油在燃烧室中高温缺氧的情况下燃烧不完全，不但造成柴油机的油耗增高、功率降低，而且使燃烧室形成大量积炭，严重时会卡住活塞环，气门密封不严产生漏气，加速零件的磨损，从而缩短发动机的使用寿命。产生发动机冒黑烟的常见原因和排除方法：

（1）检查各缸喷油量，打开调速器盖，检查调节齿杆的刻度是否向喷油泵壳内移动过多（刻度线应与喷油泵壳后端面平）。如在柴油机冒黑烟的同时，还可听到气缸内有清脆敲击声，则说明喷油时间过早，应校准喷油正时。如检查中发现空气滤清器堵塞（滤芯脏污），应立即清洗、吹净或更换。

（2）喷油泵柱塞挺杆带有调整螺钉的，应检查各缸喷油正时是否一致。若无问题，可对有故障的单缸进行压力测试，以判断是否因气缸、活塞、活塞环等的磨损漏气或气门密封不良而造成故障。

小常识

在发现是由于进气系统堵塞引起冒黑烟时，不可使发动机无空气滤清器长时间工作。更换排气管要用原车型号的，不可把排气管变细，不可以有90°的弯角。更换发动机或者变速器，一定选择原来型号的，不匹配也可造成冒黑烟现象。

2. 冒白烟

柴油燃烧不充分，部分柴油蒸发为燃油蒸气或是水分进入燃烧室受热汽化随同废气排出就会产生冒白烟的现象。在寒冷季节，柴油机冷车起动冒白烟，属于正常现象，但当柴油机热车后，排气管仍冒白烟，则说明柴油机工作不正常。排放白烟的常见原因及排除方法：

（1）当气缸盖漏水或气缸垫冲坏与水道连通时，冷却水渗入气缸内，在排气时随之排出形成白烟。若气缸内进水过多，发动机禁止起动，否则将产生连杆折弯、机体捣毁等重大事故，在进水之后必须将水排除方可起动。

（2）当柴油中含水较多时，燃烧后水排出就形成白烟，每日开机前，将燃油箱排水阀打开，将箱底沉淀物和水排放净。

（3）当喷油器喷油压力过低、喷油器损坏或柴油雾化不良时，未燃尽的柴油排出形成白烟，此时应检查喷油器，调整喷油器压力或是更换喷油器。

（4）当进气管堵塞时，柴油无法雾化，也将产生白烟，检测进气管和空气滤清器。

3. 冒蓝烟

柴油机冒蓝烟是柴油机使用过程中最为常见的故障之一。柴油机工作时冒蓝烟的主要原因是“烧机油”。

（1）产生原因。造成柴油机“烧机油”的原因主要有以下几个方面：

1）缸套、活塞环磨损严重。柴油机活塞环与缸套之间的磨损，使气缸内活塞环与缸套之间的密封状况恶化。一方面使机油直接进入燃烧室燃烧；另一方面又由于缸套与活塞环密封不严，燃烧气体窜入曲轴箱，使曲轴箱内废气压力增大，拔出机油尺会有大量的蓝烟喷出，柴油机工作时将严重冒蓝烟。

2）气门油封故障。气门油封因为老化造成密闭不严，机油慢慢地从油封渗漏出去，进入燃烧室参与燃烧，此时发动机动力并不下降，轻微的油封渗漏或个别渗漏冒蓝烟的现象并不是很明显，但机油消耗量将会增加。

3）机油油量太多。如果机油加注量太多，机油油面太高，也将导致曲轴箱内废气压力增大，将导致大量机油进入燃烧室，柴油机严重冒蓝烟。

（2）排除方法包括：

1）如果发现柴油机工作时严重冒蓝烟，且起动困难或动力不足，一般应该认为是由活塞环、缸套严重磨损造成的，柴油机至少应该中修。

2）若气门油封故障应拆下气缸盖，在气门后面会有明显的油迹和积炭，同时检查气门导管的磨损情况，必要时连同气门一起更换。

3）如果机油加注过量，及时放出多余的机油。

小常识

缸套的磨损和使用保养有着很大的关系，在使用中，不能使用低劣空气滤清器滤芯，不能长时间低速低温运转，使用符合质量要求的机油，新车要按照要求磨合。

三、柴油机动力不足

柴油发动机在使用过程中，由于使用操作不当或保养不够及时，会发生供油或供气不足，导致柴油机工作不良，输出功率下降和动力不足。

1. 产生原因

造成柴油机动力不足的主要原因如下：

（1）油路堵塞或不畅通。具体包括：

1）油路中存有空气没有及时排除、柴油滤清器过脏造成堵塞、限压回油阀失灵等。

2）输油泵磨损严重、喷油泵柱塞偶件磨损严重、喷油泵与调速器调整不当等造成的供油量不足。

3）喷油器偶件磨损过甚或卡住、喷油压力过低、喷油雾化不良造成的喷油质量不高等。

4）喷油时间不正时，也就是供油提前角不符合规定标准值。

（2）气路堵塞或不畅通。具体包括：

1）空气滤清器过脏、气门与气门座磨损严重或关闭不严、活塞及活塞环磨损严重、气缸漏气等造成气缸充气量不足，都会使发动机动力不足。

2）个别气缸不工作（通常多缸柴油机中出现的单缸油嘴卡死等）。

3）消声器或排气管内有脏物堵塞等。

2. 排除方法

（1）检查油路中有无空气或堵塞，进行排气或疏通油路。

（2）若发动机在怠速时振抖，是由喷油时间过早造成的，应减小供油提前角，调整到标准值。

（3）若发动机在工作中突然无力，则属调速器故障，应检查调速器弹簧是否折断、各运动部件是否灵活，及时更换失效零部件。

（4）若发动机过热、水箱总是开锅，则说明喷油时间过迟或水箱水道不畅，应增大供油提前角，将其调整至标准值或清理水箱水道。

四、柴油机工作时有异响

柴油机的运转声能够反映出其技术状况。柴油机正常运转时，声音是有节奏的，均匀且较柔；柴油机出现故障时，柴油机工作时会出现粗暴、嘈杂、忽隐忽现或忽大忽小的响声。准确找出异响的部位，以便及时采取有效措施，予以排除。

1. 常见的异响

常见的异响包括以下几个方面：

（1）活塞运动部位异响。具体包括：

1）活塞敲缸响。活塞敲缸响的主要特点是柴油机在怠速或低速运转时，在气缸的上部发出清晰而明显的“嗒嗒”的敲击声，随着转速的升高而逐渐减弱或消失。一般情况下，这种响声冷车时明显，热车时减弱或消失。

2）活塞销响。柴油机在怠速运转时无异常响声，从怠速向高速使柴油机加速运转，直至响声出现，听到明显、清晰而尖脆的“当当”的金属敲击声。当转速突然变化时，此敲击声更为明显，且强而有力。

3）活塞环漏气响。柴油机运转时，从加注机油口处听到曲轴箱内发出“呲呲”的声响，负荷越大时响声越强，随着响声的出现，加注机油口处向外冒烟。

（2）气门处异响。在工作过程中，气门处发出一种类似于“嘀嗒嘀嗒”的敲击声，音调均匀、连续不断，这主要是由于气门间隙过大所致。

（3）轴承响。具体包括：

1）曲轴轴承响。柴油机在急加速过程中，发出连续而有节奏的“咚咚”的金属敲击声。响声沉重而发闷，且随负荷的增大而加重。熄火后用手上下扳动飞轮，可感觉出晃动量较大，并有撞击声，严重时机体有较大振动，机油压力下降。

2）连杆轴承响。连杆轴瓦松旷，会出现“嗒嗒”连续明显、轻而短促的敲击声。辨别时，可从高速突然减速中查出，因为间隙过大时将会听到一种清脆的敲击声。响声的特点是随着柴油机转速的升高而增大，随着负荷的增大而增强。

（4）正时齿轮响。齿轮经长期使用后，因磨损使间隙增大，柴油机运转时便会发出“哗啦哗啦”的声音。停车后两边晃动曲轴，也会听到轮齿相撞的声音。响声的特点是具有连续性，低速、怠速时更为明显，高速时变得杂乱并带有破碎声，正时齿轮盖上有振动。

2. 排除方法

当柴油机出现异响时，对零件损坏、松脱造成的异响，应分别予以修理和更换。如修理、更换活塞和气门，应保证间隙合理、运动正常。对因间隙过大造成的异响，应分别予以调整、维修或更换。如曲轴推力轴承磨损，发生轴向窜动产生异响时，应检查磨损情况，用垫片调整到规定间隙。如磨损严重，应予以更换。当喷油过早或超负荷引起异响时，应调整供油提前角或减少供油量。

五、柴油机“飞车”

柴油机的飞车是指柴油机转速失去控制，转速越来越高的故障。飞车会造成柴油机捣缸、断轴等重大事故。柴油机一般是在刚起动或工作中负荷突然消失或减轻时才会出现飞车故障，而在负荷下工作，不会发生飞车故障。发生飞车的原因包括以下几种。

1. 调速器自身故障

润滑油过多，影响了调速作用。调速器高速限制螺钉和安全挡松动，飞块脱出或卡滞，调速弹簧折断、推力轴承或调速器轴承损坏，使调速器失灵，造成飞车。

2. 喷油器的原因

（1）喷油泵柱塞偶件因安装歪斜或油污卡住，不能转动，特别是多缸油泵，可能会出现负荷减小但供油量不能改变，结果就造成了飞车。

（2）喷油泵油量调节齿条在最大供油位置卡死，或齿条与调速器拉杆脱开，失去控制，造成飞车。

（3）有的喷油泵柱塞套上的进、回油孔在同一平面位置，如果柱塞套定位螺钉过长，堵死回油孔，造成回油不畅，导致供油量猛增也会引起飞车。

柴油机发生飞车时，如不立即停车熄火，会造成严重后果。所以当发生飞车时，必须想办法使柴油机立即停机熄火。

操作指南——简便有效地检查柴油是否可能超供的方法

把柴油机的油门固定在熄火位置，然后摇转柴油机，如仍出现供油现象，则可能发生飞车，必须进行检查，直到故障排除后方可正常使用。

六、柴油机工作不稳

柴油机无负荷时，油门处于一定位置，转速忽高忽低，不能稳定在规定的范围内，称为工作不稳或急速不稳，俗称“喘气”或“游车”。“游车”较轻时，怠速不稳；“游车”较重时，中、高速不稳，机体振抖严重。常见故障原因及排除方法如下。

1. 调速器故障

(1) 调速弹簧弹力减弱，导致调速器调速灵敏度降低，柴油机转速稳定范围增大，忽高忽低。排除方法是更换调速弹簧。

(2) 油泵油量调节臂与调速杆叉槽、驱动盘与推力盘锥面磨损过大使调速器调节作用滞后，造成“游车”。排除方法是更换已磨损的零件，恢复正常的配合间隙。

(3) 调速器内部润滑不良、调速器内机油过脏、过稠或运动件表面损伤都会引起卡滞，使运动部件活动受阻，调速作用滞后，造成柴油机怠速不稳。排除方法是用柴油清洗调速器内部，更换调速器内机油，修复或更换损伤的零件。

2. 油路故障

(1) 低压油路堵塞，供油不畅。排除方法是清洗、疏通低压油路。

(2) 燃油箱燃油不足或燃油箱盖通气孔堵塞引起供油不足。排除方法是加足燃油，疏通燃油箱盖通气孔。

(3) 油管开裂、管接头松动等引起低压油路进入空气，多缸柴油机手油泵磨损也易造成油路进入空气。排除方法是更换输油管和手油泵，拧紧管接头。

(4) 喷油泵出油阀密封性变差或定位螺钉松动。排除方法是研磨出油阀，拧紧定位螺钉。

(5) 喷油器工作不稳定。排除方法是更换喷油器针阀偶件。

3. 喷油泵故障

多缸柴油机的柱塞偶件、出油阀偶件以及分泵滚轮磨损造成各缸供油压力不一致，而喷油泵调整不当会引起供油量不一致。排除方法是在试验台上重新调整。

4. 其他故障

多缸柴油机某气缸缸垫烧损或气门密封不好、活塞环过度磨损等使气缸压缩不良或不工作，均会使柴油机怠速不稳定。排除方法是更换气缸垫、活塞环和研磨气门。

七、机油压力低

发动机的机油压力正常与否，对发动机正常运转非常重要。发动机机油压力一般为200～400 kPa，机油压力降低的原因也是多方面的，需要根据不同情况具体分析判断。必须强调的是：一旦发生机油压力过低，必须立即熄火，找出故障原因并予以排除，以免发生严重后果。引起机油压力低的常见原因有以下几个。

1. 机油量不足

(1) 检查油底壳中机油油面是否处于正常范围内。如果机油油面过低，将造成机油泵吸空现象，机油中存在空气，使机油压力过低。

(2) 检查外部各处有无漏油现象。发动机外部若有漏油，造成机油流失量较大，也会导致机油压力过低。

2. 系统泄漏

（1）检查摇臂轴与摇臂孔的间隙。此间隙过大会造成大量机油直接流回油底壳，使机油压力下降。可打开气门室罩盖，起动发动机，察看是否有过多的机油从摇臂架上流出，以判断摇臂轴处有无问题。

（2）检查曲轴的主轴颈与主轴承、连杆轴颈与连杆轴承的间隙。如果轴承与轴颈间的间隙过大，压力油会泄漏，导致无法在曲轴与轴承间产生油膜，会产生泄漏现象。

3. 机油滤芯堵塞

机油滤芯堵塞后会造成机油流通受阻。

4. 机油泵故障

检查机油泵吸油网是否被堵塞、机油泵齿轮及壳体端面有无磨损、机油泵旁通阀是否正常。如果机油泵旁通阀弹簧变软，将造成机油在进入主油道之前泄漏。机油泵是整台发动机的润滑动力源头，机油泵性能的好坏直接影响机油压力。

小常识

每日出车之前，观察地面有无油滴落。检查油面高度时，车辆应停在平坦路面上，车身不能倾斜。在确定是曲轴运动副磨损严重导致机油压力下降时，可换黏度大的机油应急，以便把车开到就近的修理厂。

八、油底壳油面升高

柴油机在工作过程中，没有添加机油，其油面不仅没有降低，反而升高，其原因主要是柴油或水漏入油底壳。若机油中混入其他液体，会因变质而引起黏度降低，从而导致机油压力降低。无论是水还是柴油，都会使机油润滑性能下降，若故障不及时排除，可能会产生烧瓦现象。

1. 柴油漏入油底壳

（1）喷油器关闭不严而严重漏油，针阀卡死在开启位置，喷油压力低，这些情况都会使喷入气缸的柴油不能完全蒸发汽化和燃烧，最后沿气缸壁流入油底壳。

（2）喷油泵接合面密封不严漏油，柴油经齿轮室直接流入油底壳。

2. 冷却水漏入油底壳

（1）缸套下部与缸体间的阻水圈破损，使水套中的冷却水漏入油底壳。

（2）气缸垫损坏，水道与推杆室相通，使冷却水漏入油底壳。

（3）缸体或气缸盖由于铸造上的缺陷或破裂，使冷却水直接渗漏入油底壳。

3. 排除方法

在确定进入油底壳的是柴油还是水之后，分别检查喷油器、喷油泵，更换柱塞或者密封件。

操作指南——判断进入的是油还是水最简单的方法

拔出机油尺观察机油的颜色，如果变白是有水进入。若颜色没变，再检查机油中有无柴油。从油底壳中取少量机油，滴在一张白纸上，看油是否会渗入白纸，如渗入则证明机油中含柴油，因为柴油的渗透力大于机油。还可以让车辆停放在平地上经过一夜后，慢慢旋松油底壳放油螺塞，确认流出的是水还是柴油。

九、发动机自动熄火

柴油机在工作过程中，有时会遇到自行熄火现象。根据其熄火前转速降低的缓急程度和排气烟色，可以断定其故障的主要部位，以便将故障排除。

1. 柴油机响声和烟色无异常时熄火

此故障多发生在燃油系统，产生的原因有：

（1）燃油箱内燃油不足或燃油箱通气孔堵塞。如燃油箱内无油，则不能供给；通气孔堵死，燃油箱内形成负压，则供油不畅。

（2）低压油路或高压油路有杂物堵塞，油管出现细小裂纹进入空气，造成气阻。

（3）高压油路的故障。在喷油泵的动力传动部件上，出现传动齿轮滚键、花键盘固定螺钉脱落或折断、轮轴折断等。

2. 熄火时冒白烟

此故障原因多为柴油中有水，如果将油中水分去除后，排气管仍冒白烟而熄火，则有可能是气缸垫被烧损并与水道连通，缸内进水所致。如气缸垫完好无损，则可能是缸套有裂纹或断裂，也可能是缸盖有裂纹且连通水道，冷却水进入缸内。因气缸内有水，混合气温度降低，而自动熄火。

3. 熄火时排气管冒浓烟

柴油机严重超负荷，或供油过晚，进气不足（进气管道堵塞，或进气门间隙过大、配气凸轮过度磨损等），使混合气过浓，不能完全燃烧所致。

4. 熄火时排气管冒黑烟

（1）主油道机油压力不足（油底壳缺油、回油阀卡死在启动位置、机油泵不供油或机油变质过稀等），使曲轴与轴瓦表面润滑不良，造成烧瓦抱轴，使发动机被迫熄火。

（2）在更换活塞、缸套时，二者配合间隙过小，发动机在使用工作后，活塞受热膨胀，在气缸内运动受阻，导致发动机熄火。

5. 熄火时异常响声

此故障多为曲轴或活塞销折断、连杆螺栓折断、螺母松动、气门弹簧折断或气门杆尾端折断等。

十、发动机反转

柴油机起动时，若供油时间过早，机体过热，起动转速过低，或熄火过程中猛踩加速踏板，都容易造成柴油机反转。一旦柴油机反转，配气和供油规律被破坏，柴油燃烧不完全，生成大量黑烟从进气门排出，机油泵反转，不能向主油道供油，使轴瓦等摩擦副因缺油而烧坏，极易造成严重的机械事故。反转的原因及排除方法如下。

1. 供油提前角太大

供油时间过早，即在活塞还没到压缩上止点时，柴油已喷入气缸燃烧。迫使活塞往回运转，使柴油机反转。排除方法是按柴油机使用说明书上的要求，正确调整供油提前角。

2. 缸内积存柴油

如果连续起动，发动机还没正常工作，缸内就会积存较多的柴油，有可能因柴油早燃而引起曲轴反转。遇此情况应先打开减压阀，停止供油，将曲轴转动几圈，让缸内积存的柴油排净后再起动。

单缸柴油机如为手摇起动，摇转曲轴时活塞还未越过上止点就将减压手柄扳回到“运转”位置，则缸内柴油就可能会过早地爆燃，并以很大的推力将活塞顶回去，从而带动曲轴反转。因此，必须用全力摇车，使曲轴一鼓作气地越过上止点，再迅速扳回减压手柄，这样喷入缸内的柴油才不至于过早地爆燃。

操作指南——处置发动机反转的方法

一旦发现柴油机反转（响声发闷，空气滤清器处冒黑烟），应立即关闭油门，必要时打开减压阀，或拧松喷油器端高压油管螺母，让发动机尽快熄火。此时切不可用衣物堵塞空气滤清器，这样不仅不能使柴油机尽快熄火，而且易将衣物引燃。此时切不可用手抓或用脚踢起动手柄。

第二节　底盘的常见故障及排除方法

汽车底盘由三大系统构成：行驶系统、制动系统、转向系统。行驶系统常见故障有V带或离合器打滑、变速器有杂音、挂挡困难或挂不上挡、变速器漏油。制动系统常见故障有制动器失灵、制动时跑偏。转向系统常见故障有转向困难、方向盘摆动及方向跑偏。底盘出现故障时，短时并不会对行车造成很大的影响，如果不及时排除，不仅使故障现象明显，还将会威胁到行车安全。因此，对底盘的故障更要及时发现并及时排除。

一、V 带打滑

有些小功率农用运输车辆，柴油机的动力是靠 V 带传到变速器的，V 带经过一段时间使用后，有可能会磨损开裂、软化、表面光亮、V 带表层磨损和外层剥离。这些都会使传动效率降低，加快 V 带磨损。常见 V 带打滑原因有：

（1）黄油或机油沾在 V 带上能使橡胶成分软化，并使橡胶层和芯线分离，造成 V 带打滑，还会散掉。

（2）V 带的张力调整不当。

（3）V 带选用型号不对。

这就要求在使用时注意，加强经常性的检查调整和保养。定期检查 V 带的使用情况，发现磨损严重、裂纹、老化、折皮等缺陷时应及时更换，沾有油污的要将其清洗干净。

小常识

常用的 V 带有 O、A、B、C 4 种型号，更换时必须保证与原使用的 V 带或 V 带轮槽的型号一致，且所更换 V 带的长度必须和原来使用的 V 带或设计要求的长度相等（V 带的型号及内周长度均压印在胶带外面，选择时要仔细观察）。选用时要根据功率和 V 带轮槽的尺寸选择不同型号的 V 带。

操作指南——更换 V 带的方法

更换 V 带时，要注意检查 V 带在轮槽中是否合适，V 带的上平面应稍高于轮槽，下平面不能与槽底接触。若 V 带的上平面高于轮槽过多，运转时就会磨损 V 带两腰。如 V 带下平面与槽底接触，作业带负荷后会打滑发热。对同时使用两根以上的 V 带，不能任意减少根数，更换时也需同时换新。

二、离合器打滑

起步时，发动机动力不能完全传给驱动轮，出现汽车起步困难、油耗上升、行驶加速时发动机转速高，但车速提高缓慢等现象，严重时会散发出焦煳味，此现象为离合器打滑。离合器打滑的主要原因及故障排除方法如下。

1. 踏板自由行程过小

踏板自由行程过小，可能引起分离杠杆与分离轴承间的自由间隙消失，分离轴承紧贴在分离杠杆端面上，使离合器经常处于半接合状态，严重时会使摩擦片破损，应及时调整至使用说明书规定的数据。

2. 分离杠杆端面不在一个平面上

分离杠杆的端面与分离轴承端面的距离不一致，将造成离合器摩擦片偏压、偏磨，摩擦片与压盘的总接触面积减小，导致离合器打滑。遇到这种情况时，必须重新调整分离杠杆，使分离杠杆的端头处于同一平面上，其偏差应控制在规定值内，同时分离杠杆与分离轴承之间的自由间隙符合规定。

3. 工作面油污

工作面有油污，摩擦因数减小而使离合器打滑。应清洗油污并找出油污原因予以排除。

4. 摩擦片烧坏

摩擦片表面产生焦层，摩擦因数减小，使离合器打滑。严重烧损者应更换摩擦片。

5. 摩擦片磨损

由于长时间使用使摩擦片变薄，导致摩擦片与压盘之间的压力减小而使离合器打滑。严重磨损时还会使铆钉外露，拉伤压盘工作面，加重打滑程度。磨损不大时，可通过适当调整分离杠杆与分离轴承之间的自由间隙进行补偿；磨损严重时，应更换新的摩擦片。

6. 零部件变形

从动盘、压盘及碟形弹簧钢片等零部件变形时，使摩擦片与压盘之间不能正常压紧或实际接触面积减小，都会引起离合器打滑。出现这种情况时，应及时修复或更换变形的零部件。

7. 压力弹簧过软或折断

压力弹簧过软或折断使摩擦片与压盘不能在规定压力下接合，离合器经常处于半接合状态，工作中产生打滑，并加速摩擦片磨损，导致打滑故障加重。出现这种情况时，应及时更换新的压力弹簧。

8. 分离轴承烧损或卡死

分离轴承烧损或卡死，使离合器失去分离能力，经常处于半接合状态，造成离合器打滑，应当修复或更换分离轴承。

小常识

在行车中换挡时，操纵离合器踏板应迅速，不要出现半联动现象，否则会加速离合器摩擦片的磨损。另外，操作时要注意与油门配合，不要在踩离合器踏板的同时加大油门。

三、变速器有杂音

随行驶里程的增加和使用保养等原因，使零部件磨损，变形随之增加，这样就会使变速器出现杂音。响声主要是由于磨损松旷和齿轮间不正常啮合引起的，主要表现在空挡响和挂挡响。该故障产生的原因及排除方法如下。

1. 故障原因

（1）空挡响的原因。主要包括：

1）发动机曲轴和变速器一轴不同心，或变速器壳变形。

2）长啮合齿轮磨损或个别齿轮牙齿断裂。

3）轴承松旷或损坏。

（2）挂挡响的原因。主要包括：

1）变速器内轴的变形。

2）滑动齿轮与轴配合的花键松旷，齿轮配合不当，轴承松旷或变速拨叉变形。

2. 排除方法

（1）壳体的磨损。主要是轴承座孔，会破坏其与轴承的装配关系，直接影响变速器输入轴、输出轴的相对位置。修复可以用镶套的方法，磨损过大就应当更换壳体。壳体出现的裂纹，受力不大的，可用环氧树脂粘接或焊接；受力大的裂纹（出现在轴承孔、螺纹孔等），就要更换壳体。

（2）变速器齿轮磨损。齿轮在正常工作条件下，齿面呈现出均匀的磨损，测量沿齿长方向的磨损量和齿厚的磨损量，超过使用说明书的技术要求，就要更换齿轮；轮齿破碎，则应成对更换。

（3）轴的弯曲和磨损。可以校正或更换。当轴上出现裂纹时，必须更换。

（4）轴承如果出现转动不灵活，滚动体及轴承的内外圈有麻点、麻面、烧蚀等都必须更换。

小常识

变速器的维修过程中，对齿轮、轴承的拆卸和安装，一定注意不能直接敲击，要使用专用的压床，更换齿轮时要成对更换。

四、挂挡困难或挂不上挡

换挡困难是指变速器不能顺利地挂入挡位或很难脱离挡位的现象。故障产生原因及排除方法如下。

1. 离合器分离不彻底

检查离合器行程，必要时予以调整。对液压的传动系统，应当检查离合器总泵或者分泵，有问题予以更换。

2. 变速器内部变速叉轴弯曲变形

检查变速器自锁或互锁装置，变速连接杆、变速器的轴承或齿轮是否损坏。

3. 齿轮油型号不对

在冬季如果齿轮油型号不符合要求，出现凝固现象，就会造成挂不上挡，需更换齿轮油。另外，如果操纵机构是钢索形式的，要检查内部是否进水产生冻结，使离合器不能正常工作。

小常识

出现挂不上挡或挂挡困难时，在没排除故障前不要强行挂挡，否则有可能由于冲击造成零部件的损坏，还会使车辆突然起步，对行车安全产生影响。

五、变速器漏油

变速器漏油实际上是个小故障，如果不及时排除，致使油量逐渐减少，最终将会造成很大的机械事故，严重会使整个变速器报废。小的问题也要高度重视。

1. 故障产生的原因

（1）变速器加润滑油过多，工作时搅动使内压过大，可能从各接合部位漏油。

（2）油封损坏，纸垫损坏，变速器前壳或后壳损坏或有裂纹，通气孔堵塞。

2. 排除方法

（1）应加入合适牌号和规定量的润滑油。

（2）更换油封或纸垫。

（3）修复损坏的变速器壳。如接合表面不平度误差超过 0.5 mm 时可用机械加工方法予以修复；如裂纹较小时可用黏结法或焊修法修复；对于无法修复的壳体，应更换新件。

（4）清洗通气孔。

六、制动器失灵

制动器就是要在车辆行驶时，根据需要必须能在规定的距离内停车，制动器一旦失灵，将严重危及人车安全。

1. 故障产生的原因

（1）制动油压力不足。

（2）制动系统内有空气。

（3）制动踏板自由行程或制动器间隙过大，制动蹄摩擦片接触不良，磨损严重或有油污。

（4）制动主缸或轮缸的活塞和缸筒磨损或拉伤，皮碗老化损坏。

2. 故障的判断与排除

（1）连续踩下制动踏板，如踏板逐渐升高且有弹性感觉，但稍停片刻后再踩踏板时仍然很低，即为制动系统内有空气，这时应对制动系统进行排气。

（2）一脚制动不灵，但连续踩几次踏板时制动效果很好，一般为制动踏板自由行程过大或制动间隙过大。应调整踏板自由行程，而后检查制动器间隙，必要时进行制动器解体修理。

（3）踩下制动踏板时，如踏板自由行程正常，而制动力不足，很可能是车轮制动器故障，如制动蹄片有油或接触不良、摩擦片老化、磨损、制动鼓磨损不均。应对制动技术状况进行检查，必要时进行调整和修复。

（4）在行驶中，驶过水淹的道路时制动蹄片或制动盘湿了，制动器可能暂时失灵。下陡坡或制动器久用后，制动液因过热会部分汽化，制动器也可能暂时失灵，踩下制动踏板时会有松软的感觉。在这些情况下，反复踩踏制动踏板通常可恢复正常操作。下长斜坡时应该用低速挡，轻踩制动踏板，以免制动器过热。

七、制动时跑偏

汽车制动时，时常不按直线方向减速，而是自动向左或向右偏驶，让驾驶员无法控制前进方向，汽车处于不稳定状态，在冬季的冰雪路面上，严重时可使车辆掉转 180°，很容易造成交通事故。制动跑偏通常会出现忽左忽右的跑偏和有规律的定向跑偏。制动跑偏产生的原因及排除方法如下。

1. 无规律的跑偏

（1）轮胎磨损严重不均，特别是后轮内外轮胎直径差越大，无规律制动跑偏越严重。应对轮胎进行合理调配，按规定进行换位，使各轮胎磨损趋于一致。

（2）前束失准或横、直拉杆球头销等松旷。如果轮胎磨损正常，但仍出现制动忽左忽右跑偏，则应检查是否有负前束或横、直拉杆球头销等松旷。

2. 制动突然跑偏

制动突然跑偏是由于制动系统或前后桥突然发生故障。如某侧车轮制动管路突然失灵；管路受挤压或碰撞而产生凹瘪以致制动液或压缩空气不能通过，或因铁锈或污物过多而堵塞；或因某侧钢板弹簧固定螺栓松动而突然发生移动，使前桥与后桥不能保持平行而制动跑偏等。排除办法是严格按车辆使用说明书进行保养检修，养成出车前和收车后对车辆检查的习惯。

3. 有规律的定向跑偏

造成有规律的定向跑偏多系两前轮制动力不等或制动生效时间不一所致，偏斜发生在制动力较大或制动时间较早的一边，排除办法有：

（1）车轮制动鼓与摩擦片的间隙及接触面不一样。

（2）两前轮制动鼓内径相差过多。

（3）某侧前轮制动分泵有空气或损坏。

（4）两前轮气压不一致。

（5）某侧前轮摩擦片油污、水湿、硬化或铆钉外露。

（6）车架变形、前轴移位、两前钢板弹簧弹片不一样，以及横、直拉杆球头销松旷等。

（7）轮毂轴承磨损或损坏。

八、转向困难

转向困难表现在汽车行驶过程中，要不断地打方向盘来保证汽车前进的方向。转向系统是影响汽车安全性的一个重要因素，它的性能好坏直接关系到驾驶员的生命安全。

1. 故障原因

在使用过程中，出现转向困难的原因有：

（1）间隙不正常。由于摩擦使转向器轴向间隙、蜗杆滚轮或螺杆螺母啮合间隙过大，纵拉杆和横拉杆上的球头销及销座配合间隙变大，导致方向盘自由行程过大，转向困难。

（2）前轮定位数值发生变化。转向节主销弯曲或推力轴承磨损、转向节的主销内倾过大、前轮无外倾等都将导致转向阻力增大而产生转向困难。

2. 排除方法

转向困难的出现一般都有一个过程，沉重现象逐渐明显，这时就要注意检查转向器间隙及球头的间隙，调整或更换相应的零部件。如果在行驶中由于路面不平，前桥或车轮发生碰撞，突然出现转向困难就可能是前轮定位发生变化，要及时测量前轮的相关数值，进行调整，必要时更换相关零部件。

第三节　电气系统的故障及排除方法

农用运输车的电气系统故障大多由短路、断路、虚接或用电设备损坏等原因引起。通常会出现冒烟、打火、异响、高温、焦煳味及工况突变等异常现象，严重时还可能酿成火灾，电气系统的故障要及时发现及时排除。

一、灯光设备故障

1. 灯光发暗

在使用过程中经常会出现灯光发暗的现象，不仅影响其性能下降，还会影响到行车安全。造成灯光发暗原因及排除方法如下：

（1）蓄电池充电不足，导线接线柱头松动或接触不良，搭铁不良。在接通灯光电路时灯光发暗，但柴油机转速升高时，灯光亮度增大，这是充电不足。若转速增高以后，亮度仍无好转，这是线路（包括电源部分线路）接触不良。这时可拆下大灯泡，并直接接在蓄电池上检验。如果比原来亮，应检查是否存在线路短路或接触不良情况。如果是其中一只灯发暗，其他良好，则这只灯的搭铁不良。

（2）玻璃罩上有灰尘。属于玻璃罩和聚光罩有灰尘引起灯光发暗，只要用绒布或鹿皮蘸酒精擦净晾干即可。聚光罩损坏时必须更换。装复时要注意密封，避免再进入灰尘。

（3）灯罩老化透光率下降或灯泡老化。更换灯罩或更换灯泡即可。

2. 灯光不亮

车辆上的电器正常工作，必须构成完整的回路，如果所有的灯光都不亮，一般是因为蓄电池没电、熔丝熔断或电源线路断路。大灯不亮或其他灯光不亮的故障原因及排除方法如下：

（1）大灯不亮。原因常常是电门总开关接线柱接触不良或导线断脱；大灯泡尾座与接线座内铜片接触不良；变光开关有故障；灯丝烧断。分清原因打开玻璃罩与聚光罩，拆下接线座上的大灯导线，与一只完好的 6 W 小灯泡串接碰触车体。若小灯泡发亮，说明是灯泡尾座接触点与接线座铜片接触不良或灯丝烧断。灯丝烧断应更换，接触不良可弯曲铜片使其接触。若小灯泡不亮，故障在大灯导线至电门总开关之间。可拆下变光开关壳体，用旋具一端接触开关接线柱（当中的火线接线柱），另一端串接一只完好的 6 W 小灯泡搭铁。若小灯泡发亮，应检查变光开关铜接触片和两只弹簧的弹力情况。若是导线断路，可另换一根导线接上。若小灯泡不亮，故障在电门总开关或电门总开关至变光开关之间的导线断路。电门总开关本身接触铜片不良时应检修或更换。

（2）其他灯光不亮。一般是由于灯丝烧断、导线断路、搭铁部位有锈污或电门总开关接线柱导线断脱而导致的。找到故障部位及时修理。

二、发电机故障

1. 发电机输出电压低，发电量不足

车辆在使用中有时会遇到白天行驶正常，晚上打开大灯时间过长灯光逐渐变暗。这就说明用电量增加，发电机没发出足够的电量。造成发电量不足的原因及排除方法如下：

（1）检查发电机传动带。检查发电机传动带是否过松或磨损严重，必要时调整或更换。

（2）发电机自身故障。把发电机后盖拆开，用万用表测量整流器的 6 个二极管，所测得数值参照使用说明书，如果数值超标则要更换整流器。测量励磁绕组和定子绕组，若阻值超过规定值，就应更换发电机总成。上述检查正常，则需要更换同型号的电压调节器。

2. 发电机不发电

直流发电机不发电是车辆电气系统常见的故障，如果是发电机绕组出现故障，一般是更换总成。对由于线路等其他原因引起的故障，应能正确判断出故障并予以排除。

（1）内部故障及排除方法如下：

1）由于长期超负荷、电瓶电倒流等，都易使电枢绕组烧毁。可检查限流器和截流器的工作是否正常，加以排除。

2）整流器绝缘云母损坏，损坏后可造成短路，使发电机不能发电。应更换整流器。

3）励磁绕组或定子绕组短路和断路。应更换发电机。

（2）外部故障及排除方法。发电机轴承磨损，造成电枢与励磁绕组严重摩擦而导致短路不发电，应及时更换轴承。如因发电机传动带松、调节器损坏造成发电机不发电，应及时更换。

3. 发电机有响声

柴油机工作时就有比较大的噪声，当听到发电机有响声时，此时故障现象已经非常明显，相关的零部件受损也很严重，应及时加以排除。常见的原因及排除方法如下：

（1）传动带响。运转时发电机传动带晃动或打滑导致异响。如传动带损坏应更换发电机传动带；如传动带张紧度不够，调整发电机传动带的张紧度。

（2）内部噪声。发电机轴承损坏导致异响。转子铁芯与定子铁芯相碰引起异响。发电机运转时，电刷在滑环上跳动导致异响。找到故障部位及时更换。

三、电喇叭故障

1. 电喇叭不响

汽车电喇叭是驾驶时使用频率较高的装置，有时会出现根本不响等故障，给驾驶员带来很多不便。故障原因及排除方法如下：

（1）蓄电池无电。打开灯光开关，若灯光不亮，说明蓄电池没电，应检查蓄电池桩头情况。

（2）线路虚接或断路。任何电器设备如果正常工作，与其连接的电线必须构成一个完整的回路，如果电喇叭自身正常，却不能发出声音，就应该检查熔断器是否被烧断，电喇叭的电源供电线及搭铁有无断路，线路的接线插头是否松动，电喇叭继电器触点是否烧蚀，方向盘处电喇叭开关是否接触不良。找到故障部位，及时修复。

2. 电喇叭声音沙哑

汽车电喇叭是一个经常使用的装置，有时会出现声音沙哑不正常响声，虽然不影响车辆正常行驶，但是影响行车的安全。故障原因及排除方法如下：

（1）电喇叭断电器触点烧蚀或电喇叭工作间隙调整不当。电喇叭声音沙哑多数是由于电喇叭断电器触点严重烧蚀和电喇叭工作间隙调整不当所致。触点烧蚀使通过线圈的电流小，磁场强度弱，电喇叭膜片的振幅和振动的频率受到影响。因此，触点必须修平，接触面积要大，这样才能使电喇叭正常工作。

（2）高音膜片有轻微碎裂。如有碎裂应更换。

(3) 螺钉松动。紧固电喇叭膜片的螺钉松动或电喇叭安装架螺钉松动也会造成电喇叭声音沙哑，紧固即可。

四、蓄电池故障

蓄电池使用一段时间后有时会出现充不进电或充电后快速跑电的现象，常见的原因及排除方法如下：

1. 极板硫化

蓄电池经常处在充电不足的情况下使用；使用过的蓄电池长期不用，又没有补充充电；电解液液面经常处在过低状态，使极板露出部分发生硫化。极板硫化后，使蓄电池难以充电。

极板是否硫化，可以从下列现象中判断：充电时电解液温度升高很快；充电时间不长电解液就产生大量的气泡，但电压始终不能升高，电解液相对密度也提高不多。极板硫化严重的要更新。硫化轻微时，可将原电解液倒出，加入蒸馏水或相对密度很小的电解液，用0.5～1 A的电流多次或长时间（40 h左右）地充电，进行电解去硫，促使极板还原。

2. 蓄电池隔板腐蚀损坏

蓄电池受到经常性的电解液密度过大的硫酸溶液腐蚀，造成内部短路；电解液温度经常超过40℃以上，导致隔板烧坏。这种情况需更换新的蓄电池。

五、起动机故障

接通启动开关，起动机不转，故障原因及排除方法如下：

(1) 蓄电池容量不足，或各导线连接松动以及接线柱脏污接触不良。

在未接通启动开关时，应先按电喇叭和开亮前照灯试验。如电喇叭响声不正常，灯光暗淡，说明启动电路接触不良或蓄电池存电不足。检查启动电路或给蓄电池充电。

(2) 启动继电器触点烧蚀，继电器磁力线圈断路或烧坏；电枢轴弯曲或轴承过紧、弹簧过软、电刷在刷架内卡住与整流子不能接触；电枢绕组或励磁绕组短路或断路等。

在未接通启动开关时，如电喇叭响、灯光正常，可以接通启动开关，观察灯光变化。若灯光变暗，起动机不转，应迅速断开启动开关。这种情况表明从启动开关到起动机内部线路有搭铁之处，应立即断开启动开关。此时应检查启动开关、起动机何处发热，确诊搭铁之处。如果接通启动开关，灯光亮度不变，说明起动机内部线路可能断路，应检查。

用旋具接通启动电磁开关两接线柱，若起动机转动，说明故障在电磁开关，可能是电磁线圈断路或短路。若接通后，仍不转动，有两种情况：一是搭接时，无火花产生，说明起动机电枢绕组或磁场绕组断路，或电刷卡在刷架中不与整流子接触；二是搭接有正常火花，起动机不转，主要是机械部分有故障，如电枢轴弯曲与磁极卡住、轴承过紧等。根据发生故障的部位予以排除。

练 习 题

1. 农用运输车出现起动困难或不能起动如何排除？
2. 农用运输车出现动力不足如何排除？
3. 农用运输车出现机油压力低如何排除？
4. 农用运输车出现挂挡困难或挂不上挡如何排除？
5. 农用运输车出现制动失灵如何排除？
6. 农用运输车出现转向困难如何排除？
7. 农用运输车出现电喇叭不响或电喇叭声音沙哑如何排除？

第六章　农用运输车辆的事故处理与保险理赔

学习目标

- 掌握农用运输车事故处理的基本方法
- 掌握交强险保险的含义、作用及保险细则
- 掌握机动车损失险的保险责任、责任免除及保险金额的确定
- 熟悉机动车第三者责任险的保险责任、责任免除及保险金额的确定
- 熟悉机动车附加险条款
- 了解机动车保险条款的其他内容

第一节　农用运输车辆的事故处理

驾驶员驾驶农用运输车发生了交通事故后，要及时采取正确的处理方法，依据《道路交通安全法》和《道路交通处理程序规定》正确应对，承担应有的责任，减小损失。就驾驶员而言，在交通事故发生后，要进行以下处理。

一、停车

1. 发生事故时停车的重要性

从发生事故的起点到采取紧急措施立即停车的位置，往往是确定现场范围的依据。发生事故后，有关车辆立即停车，这是车辆驾驶员应当尽到的法定义务。明知发生事故后不采取紧急措施立即停车的，属于有意变动现场的行为，驾车逃逸的更是违法犯罪的行为。

2. 一般道路停车注意事项

（1）当事人应当立即开启车辆危险警报闪光灯，夜间还须开启后位灯。

（2）故障车辆难以移动的，应当持续开启车辆危险警报闪光灯，并按规定在来车方向设置警告标志，扩大示警距离。

3. 发生事故时应遵守的法律知识

（1）《道路交通安全法》第七十条第一款明确规定："在道路上发生交通事故，车辆驾驶人应当立即停车，保护现场；造成人身伤亡的，车辆驾驶人应当立即抢救受伤人员，并迅速报告执勤的交通警察或者公安机关交通管理部门。因抢救受伤人员变动现场的，应当标明位置。乘车人、过往车辆驾驶人、过往行人应当予以协助。"

（2）《快速处理通告》规定："驾驶机动车发生交通事故的，当事人应当立即开启车辆危险警报闪光灯，夜间还须开启后位灯；车辆难以移动的，应当持续开启车辆危险警报闪光灯，并按规定在来车方向设置警告标志，扩大示警距离。"

小常识

开启车辆危险警报闪光灯、设置警告标志等是发生交通事故后当事人都必须进行的义务，请注意遵守，否则，有可能造成更大的交通事故，并给当事人带来更大的损失。

二、现场救助

拨打120或999急救电话对受伤人员进行救助，并可以采取一些恰当的紧急救助措施。

1. 现场救助的重要性

由于道路交通事故的特点，事故发生后，因为一时不可能有专业的医护人员在现场救助伤员，这时，当事人迅速、及时地抢救受伤人员可以防止受伤人员伤情恶化，以免造成死亡，从而减轻事故所造成的损失。据相关统计表明，同等伤情的重伤员，在30 min内获救，其生存率为80%；在60 min内获救，其生存率降至40%；在90 min内获救，其生存率仅为10%。由此可见，在受伤关键的30 min内对伤者进行现场紧急救治，会大大降低受伤人员的死亡率、残疾率和永久性伤残程度。

2. 发生事故时应遵守的法律知识

在对受伤人员进行抢救时，需要移动现场物品、人体躺卧位置、事故车辆，或者需要使用事故车辆运送受伤人员等而变动事故现场时，应当采取措施，明显、准确地标明物体、人体、车辆等的位置和相互关系。如果因抢救受伤人员而未有效标明位置和相互关系的，车辆驾驶人应当承担由此产生的不良后果。

《道路交通安全法》同时也规定了医疗机构负有及时抢救道路交通事故中的受伤人员的义务。第七十五条规定："医疗机构对交通事故中的受伤人员应当及时抢救，不得因抢救费用未及时支付而拖延救治。肇事车辆参加机动车第三者责任强制保险的，由保险公司在责任限额范围内支付抢救费用；抢救费用超过责任限额的，未参加机动车第三者责任强制保险或者肇事后逃逸的，由道路交通事故社会救助基金先行垫付部分或者全部抢救费用，道路交通事故社会救助基金管理机构有权向交通事故责任人追偿。"

小常识

救死扶伤是我国的一种传统美德，而对于交通事故当事人而言，抢救受伤人员是必须履行的法律义务。

三、保护现场

1. 现场保护的必要性

交通事故现场是反映道路交通事故发生前后过程的空间场所，存在大量的事故痕迹和物证，是公安机关交通管理部门勘验现场、分析原因、认定责任和处理事故的关键。及时严密地保护原始事故现场，能极大地提高公安机关查勘现场、收集证据、认定交通事故的质量和效率，更好地保护当事人的合法权益。事故现场一经破坏就很难恢复，可能会影响到准确地处理交通事故。

2. 现场保护的操作要领

（1）应在现场标记清楚停车位置，尽量保持车辆在肇事中的原始状态，并按照有关规定拉紧驻车制动，开启危险信号灯（夜间还须开启示宽灯、尾灯），在制动拖印前置放警示标志牌，预防其他车辆对现场物证的碾压或再次发生碰车事故，然后迅速向警方报案。

（2）做好对车辆制动印迹的保护，正确的做法是从路面显示的制动轮拖印迹开始，用粉笔或砖头石块标记出左半中括号“［”，印迹终点用右半中括号“］”标示。如果事故车辆未移动，只标记制动印迹开始点即可。

（3）对伤员倒卧方向位置及现场遗留物品的保护（伤者血迹、随身物品、汽车掉落漆片、灯罩碎片等），可用粉笔或石头砖块在伤员倒卧位置及遗留物品的边缘周围圈定下来，并必须标记清楚伤员倒卧路面的头脚位置。

（4）驾驶员在保护交通事故现场时，还必须阻止围观群众进入现场，保护痕迹与物证完好如初。如遇雨雪天气，可用防雨篷布或其他防雨物品将现场遮盖起来，以便处理事故的交通民警正确地勘查取证。

小常识

做好对车辆制动印迹的保护，对伤员倒卧方向位置及现场遗留物品也要进行保护。

四、及时报案

及时的报警，可以使公安机关交通管理部门及时了解情况，立即赶赴事故现场，迅速处理交通事故、恢复交通，对伤亡较大或有其他紧急情况的事故，可以迅速组织相关部门到场进行抢救，减少人员伤亡和财产损失。报案人一定要讲明肇事地点、时间、报告人的姓名、住址、肇事车辆及事故的死伤和损失情况。交警到达现场后，一切听从交警指挥，并主动如实地反映情况，积极配合交警进行现场勘查和分析。

小常识

交通事故报警电话号码，全国统一为“122”。车辆驾驶人在发生交通事故后迅速报告值勤交警或者公安机关交通管理部门是一项法定义务。

第二节　农用运输车辆的保险理赔

机动车辆保险是以保险车辆的损失为保险标的，或者以保险车辆的所有人、驾驶员因驾驶保险车辆发生交通事故所负的责任为保险标的。它是保险人通过收取保险费的形式建立保险基金，并将其用于补偿因自然灾害或意外事故所造成的车辆的经济损失，或在人身保险事故发生时赔偿损失，负责赔偿的一种经济补偿制度。

根据我国目前机动车保险的政策，在保险实务中，机动车保险因保险性质的不同，一般分为机动车强制责任保险和机动车商业保险两大部分。虽然它们都属于商业保险公司经营，但机动车强制责任保险是强制性保险，而其他的险种则是建立在保险人和被保险人自愿基础上的机动车商业保险。

小常识

保险人又称承保人，是经营保险业务收取保险费和在保险事故发生后负责给付保险金的人。保险人以法人经营为主，通常称为保险公司。

被保险人是指保险事故在其财产或其身体上发生而受到损失时享有向保险人要求赔偿或给付保险金的人。被保险人是受保险合同保障的人。

一、机动车交通事故责任强制保险

2006年7月1日起，我国开始实行《机动车交通事故责任强制保险条例》，机动车交通事故责任强制保险是我国首个由国家法律规定实行的强制保险制度。与以往机动车辆保险不同，其最大的特点就是强制性，即机动车如果要上路行驶，必须上此险种。

机动车交通事故责任强制保险（以下简称交强险）合同由本条款与投保单、保险单、批单和特别约定共同组成。交强险费率实行与被保险机动车道路交通安全违法行为、交通事故记录相联系的浮动机制。签订交强险合同时，投保人应当一次支付全部保险费。保险费按照中国保险监督管理委员会（以下简称保监会）批准的交强险费率计算。

1. 交强险的保险责任

在中华人民共和国境内（不含港、澳、台地区），被保险人在使用被保险机动车过程中发生交通事故，致使受害人遭受人身伤亡或者财产损失，依法应当由被保险人承担的损害赔偿责任，保险人按照交强险合同的约定对每次事故在下列赔偿限额内负责赔偿：

（1）死亡伤残赔偿限额为110 000元。

（2）医疗费用赔偿限额为10 000元。

（3）财产损失赔偿限额为2 000元。

（4）被保险人无责任时，无责任死亡伤残赔偿限额为11 000元；无责任医疗费用赔偿限额为1 000元；无责任财产损失赔偿限额为100元。

小常识

被保险人是指投保人及其允许的合法驾驶人。

投保人是指与保险人订立交强险合同，并按照合同负有支付保险费义务的机动车的所有人、管理人。

受害人是指因被保险机动车发生交通事故遭受人身伤亡或者财产损失的人，但不包括被保险机动车本车车上人员、被保险人。

交强险合同中的抢救费用是指被保险机动车发生交通事故导致受害人受伤时，医疗机构对生命体征不平稳和虽然生命体征平稳但如果不采取处理措施会产生生命危险，或者导致残疾、器官功能障碍，或者导致病程明显延长的受害人，参照国务院卫生主管部门组织制定的交通事故人员创伤临床诊疗指南和国家基本医疗保险标准，采取必要的处理措施所发生的医疗费用。

死亡伤残赔偿限额和无责任死亡伤残赔偿限额项下负责赔偿丧葬费、死亡补偿费、受害人亲属办理丧葬事宜支出的交通费用、残疾赔偿金、残疾辅助器具费、护理费、康复费、交通费、被扶养人生活费、住宿费、误工费，被保险人依照法院判决或者调解承担的精神损害抚慰金。

医疗费用赔偿限额和无责任医疗费用赔偿限额项下负责赔偿医药费、诊疗费、住院费、住院伙食补助费，必要的、合理的后续治疗费、整容费、营养费。

2. 垫付与追偿

被保险机动车在本条（1）至（4）之一的情形下发生交通事故，造成受害人受伤需要抢救的，保险人在接到公安机关交通管理部门的书面通知和医疗机构出具的抢救费用清单后，按照国务院卫生主管部门组织制定的交通事故人员创伤临床诊疗指南和国家基本医疗保险标准进行核实。对于符合规定的抢救费用，保险人在医疗费用赔偿限额内垫付。被保险人在交通事故中无责任的，保险人在无责任医疗费用赔偿限额内垫付。对于其他损失和费用，保险人不负责垫付和赔偿，例如：

（1）驾驶人未取得驾驶资格的。

（2）驾驶人醉酒的。

（3）被保险机动车被盗抢期间肇事的。

(4) 被保险人故意制造交通事故的。

对于垫付的抢救费用，保险人有权向致害人追偿。

3. 交强险的责任免除

下列损失和费用，交强险不负责赔偿和垫付：

(1) 因受害人故意造成的交通事故的损失。

(2) 被保险人所有的财产及被保险机动车上的财产遭受的损失。

(3) 被保险机动车发生交通事故，致使受害人停业、停驶、停电、停水、停气、停产、通信或者网络中断、数据丢失、电压变化等造成的损失以及受害人财产因市场价格变动造成的贬值、修理后因价值降低造成的损失等其他各种间接损失。

(4) 因交通事故产生的仲裁或者诉讼费用以及其他相关费用。

4. 保险期间

除国家法律、行政法规另有规定外，交强险合同的保险期间为一年，以保险单载明的起止时间为准。

5. 投保人、被保险人义务

(1) 投保人投保时，应当如实填写投保单，向保险人如实告知重要事项，并提供被保险机动车的行驶证和驾驶证复印件。重要事项包括机动车的种类、厂牌型号、识别代码、号牌号码、使用性质和机动车所有人或者管理人的姓名（名称）、性别、年龄、住所、身份证或者驾驶证号码（组织机构代码）、续保前该机动车发生事故的情况以及保监会规定的其他事项。

投保人未如实告知重要事项，对保险费计算有影响的，保险人按照保单年度重新核定保险费计收。

(2) 签订交强险合同时，投保人不得在保险条款和保险费率之外，向保险人提出附加其他条件的要求。

(3) 投保人续保的，应当提供被保险机动车上一年度交强险的保险单。

(4) 在保险合同有效期内，被保险机动车因改装、加装、使用性质改变等导致危险程度增加的，被保险人应当及时通知保险人，并办理批改手续。否则，保险人按照保单年度重新核定保险费计收。

(5) 被保险机动车发生交通事故，被保险人应当及时采取合理、必要的施救和保护措施，并在事故发生后及时通知保险人。

(6) 发生保险事故后，被保险人应当积极协助保险人进行现场查勘和事故调查。发生与保险赔偿有关的仲裁或者诉讼时，被保险人应当及时书面通知保险人。

6. 赔偿处理

(1) 被保险机动车发生交通事故的，由被保险人向保险人申请赔偿保险金。被保险人索赔时，应当向保险人提供以下材料：

1) 交强险的保险单。

2）被保险人出具的索赔申请书。

3）被保险人和受害人的有效身份证明、被保险机动车行驶证和驾驶人的驾驶证。

4）公安机关交通管理部门出具的事故证明，或者人民法院等机构出具的有关法律文书及其他证明。

5）被保险人根据有关法律法规规定选择自行协商方式处理交通事故的，应当提供依照《交通事故处理程序规定》规定的记录交通事故情况的协议书。

6）受害人财产损失程度证明、人身伤残程度证明、相关医疗证明以及有关损失清单和费用单据。

7）其他与确认保险事故的性质、原因、损失程度等有关的证明和资料。

（2）保险事故发生后，保险人按照国家有关法律法规规定的赔偿范围、项目和标准以及交强险合同的约定，并根据国务院卫生主管部门组织制定的交通事故人员创伤临床诊疗指南和国家基本医疗保险标准，在交强险的责任限额内核定人身伤亡的赔偿金额。

（3）因保险事故造成受害人人身伤亡的，未经保险人书面同意，被保险人自行承诺或支付的赔偿金额，保险人在交强险责任限额内有权重新核定。

因保险事故损坏的受害人财产需要修理的，被保险人应当在修理前会同保险人检验，协商确定修理或者更换项目、方式和费用。否则，保险人在交强险责任限额内有权重新核定。

（4）被保险机动车发生涉及受害人受伤的交通事故，因抢救受害人需要保险人支付抢救费用的，保险人在接到公安机关交通管理部门的书面通知和医疗机构出具的抢救费用清单后，按照国务院卫生主管部门组织制定的交通事故人员创伤临床诊疗指南和国家基本医疗保险标准进行核实。对于符合规定的抢救费用，保险人在医疗费用赔偿限额内支付。被保险人在交通事故中无责任的，保险人在无责任医疗费用赔偿限额内支付。

资料链接——交强险财产损失互碰自赔处理机制

“交强险财产损失互碰自赔处理机制”是建立在交通事故快速处理基础上的一种快速理赔方式。所谓“互碰自赔”，即对事故各方均有责任，各方车辆损失均在交强险有责任财产损失赔偿限额（2 000 元）以内，不涉及人伤和车外财产损失的交通事故，可由各自保险公司直接对车辆进行查勘、定损，无需事故各方往来多家保险公司。前提是需交警认定或当事人根据出险地关于快速处理的规定自行协商确定双方均有责任，以及当事人同意采用。

对于按照“互碰自赔”机制处理后，最终定损金额略超过交强险有责任财产损失赔偿限额（2 000 元）的，各保险公司应本着方便被保险人的原则，给予灵活处理，具体标准由各地确定。

7. 合同变更与终止

（1）在交强险合同有效期内，被保险机动车所有权发生转移的，投保人应当及时通知保险人，并办理交强险合同变更手续。

（2）在下列 3 种情况下，投保人可以要求解除交强险合同：

1）被保险机动车被依法注销登记的。

2）被保险机动车办理停驶的。

3）被保险机动车经公安机关证实丢失的。

交强险合同解除后，投保人应当及时将保险单、保险标志交还保险人；无法交回保险标志的，应当向保险人说明情况，征得保险人同意。

（3）发生《机动车交通事故责任强制保险条例》所列明的投保人、保险人解除交强险合同的情况时，保险人按照日费率收取自保险责任开始之日起至合同解除之日止期间的保险费。

资料链接

交强险合同中的责任限额是指被保险机动车发生交通事故，保险人对每次保险事故所有受害人的人身伤亡和财产损失所承担的最高赔偿金额。

中国人民财产保险股份有限公司低速载货汽车第三者责任险费率表（北京）

费别 车辆类型	固定保费/元						
	限额 5 万	限额 10 万	限额 15 万	限额 20 万	限额 30 万	限额 50 万	限额 100 万
非营业低速载货汽车	673	942	1063	1143	1278	1446	1648
营业低速载货汽车	1057	1638	1923	2114	2483	2959	3382

二、机动车商业保险

根据保障的责任范围，机动车商业保险分为基本险和附加险，基本险主要包括车辆损失险和第三者责任险，但也有的保险公司把全车盗抢险和车上人员责任险列入基本险。附加险包括全车盗抢险、车上人员责任险、无过失责任险、车载货物掉落责任险、玻璃单独破碎险、车辆停驶损失险、自燃损失险、新增加设备损失险、不计免赔特约险。附加险不能单独投保。现就上述险种的主要条款加以介绍。

1. 机动车辆损失保险

机动车辆损失保险简称车损险，是指保险车辆遭受保险责任范围内的自然灾害或意外事故，造成保险车辆本身损失，保险人依照保险合同的规定给予赔偿。

机动车辆损失保险针对机动车的3种不同情况分为：家庭自用汽车损失保险、非营业用汽车损失保险和营业用汽车损失保险。因很多农民朋友购买农用运输车用于营运，所以这里简要介绍营业用汽车损失保险。

营业用汽车损失保险合同中的营业用汽车是指在中华人民共和国境内（不含港、澳、台地区）行驶的，用于客、货运输或租赁，并以直接或间接方式收取运费或租金的汽车（以下简称被保险机动车）。

案例导入

罗某购买了一辆农用运输车，购车后在某保险公司购买了机动车辆损失险，保险期限为1年。4个月后，罗某将该车转让给广东的张某，并在交警部门办理过户（迁出）登记手续。随后罗某随车前往广东协助张某办理车辆过户（迁入）登记手续时，发生了交通事故，造成两人死亡，车辆严重损坏。事发后，罗某要求保险公司赔偿损失3万元。

点评

罗某与保险公司签订的保险合同，合同中约定“在保险合同有效期内，保险车辆转让、赠送他人、变更用途或增加危险程度，被保险人应当事先通知保险人并办理相关手续。被保险人如不履行上述规定的义务，保险人有权拒绝赔偿或自书面通知之日起解除保险合同”。但罗某并未履行“事先通知”保险人的义务，因此，保险公司有权拒绝罗某提出的索赔请求。

（1）保险责任包括：

1）保险期间内，被保险人或其允许的合法驾驶人在使用被保险机动车过程中，因下列原因造成被保险机动车的损失，保险人依照本保险合同的约定负责赔偿：

①碰撞、倾覆、坠落。

小常识

碰撞：被保险机动车与外界物体直接接触并发生意外撞击、产生撞击痕迹的现象。包括被保险机动车按规定载运货物时，所载货物与外界物体的意外撞击。

倾覆：意外事故导致被保险机动车翻倒（两轮以上离地、车体触地），处于失去正常状态和行驶能力、不经施救不能恢复行驶的状态。

坠落：被保险机动车在行驶中发生意外事故，整车腾空后下落，造成本车损失的情况。非整车腾空，仅由于颠簸造成被保险机动车损失的，不属坠落责任。

②外界物体坠落、倒塌。

③暴风、龙卷风。

小常识

暴风：风速在28.5 m/s（相当于11级大风）以上的大风。风速以气象部门公布的数据为准。

④雷击、雹灾、暴雨、洪水、海啸。

⑤地陷、冰陷、崖崩、雪崩、泥石流、滑坡。

小常识

地陷：地壳因为自然变异、地层收缩而发生突然塌陷以及海潮、河流、大雨侵蚀时，地下有孔穴、矿穴，以致地面突然塌陷。

⑥载运被保险机动车的渡船遭受自然灾害（只限于驾驶人随船的情形）。

2）发生保险事故时，被保险人为防止或者减少被保险机动车的损失所支付的必要的、合理的施救费用，由保险人承担，最高不超过保险金额的数额。

（2）责任免除包括：

1）下列情况下，不论任何原因造成被保险机动车损失，保险人均不负责赔偿：

①地震及其次生灾害。

小常识

次生灾害：地震造成工程结构、设施和自然环境破坏而引发的火灾、爆炸、瘟疫、有毒有害物质污染、海啸、水灾、泥石流、滑坡等灾害。

②战争、军事冲突、恐怖活动、暴乱、扣押、收缴、没收、政府征用。

③竞赛、测试、教练，在营业性维修、养护场所修理、养护期间。

小常识

竞赛：被保险机动车作为赛车参加车辆比赛活动，包括以参加比赛为目的进行的训练活动。

测试：对被保险机动车的性能和技术参数进行测量或试验。

教练：尚未取得合法机动车驾驶证，但已通过合法教练机构办理正式学车手续的学员，在固定练习场所或指定路线，并有合格教练随车指导的情况下驾驶被保险机动车。

④利用被保险机动车从事违法活动。

⑤驾驶人饮酒、吸食或注射毒品、被药物麻醉后使用被保险机动车。

⑥事故发生后，被保险人或其允许的驾驶人在未依法采取措施的情况下驾驶被保险机动车或者遗弃被保险机动车逃离事故现场，或故意破坏、伪造现场、毁灭证据。

⑦驾驶人有下列情形之一者：无驾驶证或驾驶证有效期已届满；驾驶的被保险机动车与驾驶证载明的准驾车型不符；实习期内驾驶公共汽车、营运客车或者载有爆炸物品、易燃易

爆化学物品、剧毒或者放射性等危险物品的被保险机动车，实习期内驾驶的被保险机动车牵引挂车；持未按规定审验的驾驶证，以及在暂扣、扣留、吊销、注销驾驶证期间驾驶被保险机动车；使用各种专用机械车、特种车的人员无国家有关部门核发的有效操作证，驾驶营运客车的驾驶人无国家有关部门核发的有效资格证书；依照法律法规或公安机关交通管理部门有关规定不允许驾驶被保险机动车的其他情况下驾车。

⑧非被保险人允许的驾驶人使用被保险机动车。

⑨被保险机动车转让他人，被保险人、受让人未履行本保险合同第三十三条规定的通知义务，且因转让导致被保险机动车危险程度显著增加而发生保险事故。

⑩除另有约定外，发生保险事故时被保险机动车无公安机关交通管理部门核发的行驶证或号牌，或未按规定检验或检验不合格。

2）被保险机动车的下列损失和费用，保险人不负责赔偿：

①自然磨损、朽蚀、腐蚀、故障。

②玻璃单独破碎，车轮单独损坏。

小常识

玻璃单独破碎：未发生被保险机动车其他部位的损坏，仅发生被保险机动车前后风挡玻璃和左右车窗玻璃的损坏。

车轮单独损坏：未发生被保险机动车其他部位的损坏，仅发生轮胎、轮辋、轮毂罩的分别单独损坏，或上述三者之中任意二者的共同损坏，或三者的共同损坏。

③无明显碰撞痕迹的车身划痕。

④人工直接供油、高温烘烤造成的损失。

⑤火灾、爆炸、自燃造成的损失。

小常识

自燃：在没有外界火源的情况下，由于本车电器、线路、供油系统、供气系统等被保险机动车自身原因发生故障或所载货物自身原因起火燃烧。

⑥遭受保险责任范围内的损失后，未经必要修理继续使用被保险机动车，致使损失扩大的部分。

⑦因污染（含放射性污染）造成的损失。

小常识

污染：被保险机动车正常使用过程中或发生事故时，由于油料、尾气、货物或其他污染物的泄漏、飞溅、排放、散落等造成被保险机动车污损或状况恶化。

⑧市场价格变动造成的贬值、修理后价值降低引起的损失。

⑨标准配置以外新增设备的损失。

⑩发动机进水后导致的发动机损坏；被保险机动车所载货物坠落、倒塌、撞击、泄漏造成的损失；被盗窃、抢劫、抢夺，以及因被盗窃、抢劫、抢夺受到损坏或车上零部件、附属设备丢失；被保险人或驾驶人的故意行为造成的损失；应当由机动车交通事故责任强制保险赔偿的金额。

3）保险人在依据本保险合同约定计算赔款的基础上，按照下列方式免赔：

①负次要事故责任的免赔率为5%，负同等事故责任的免赔率为8%，负主要事故责任的免赔率为10%，负全部事故责任或单方肇事事故的免赔率为15%。

小常识

单方肇事事故：不涉及与第三方有关的损害赔偿的事故，但不包括因自然灾害引起的事故。

②被保险机动车的损失应当由第三方负责赔偿的，无法找到第三方时，免赔率为30%。

③被保险人根据有关法律法规规定选择自行协商方式处理交通事故，不能证明事故原因的，免赔率为20%。

④违反安全装载规定的，增加免赔率5%；因违反安全装载规定导致保险事故发生的，保险人不承担赔偿责任。

⑤投保时约定行驶区域，保险事故发生在约定行驶区域以外的，增加免赔率10%。

⑥保险期间内发生多次保险事故的（自然灾害引起的事故除外），免赔率从第三次开始每次增加5%。

4）其他不属于保险责任范围内的损失和费用。

（3）保险金额的确定。保险金额由投保人和保险人从下列3种方式中选择确定，保险人根据确定保险金额的不同方式承担相应的赔偿责任：

1）按投保时被保险机动车的新车购置价确定。本保险合同中的新车购置价是指在保险合同签订地购置与被保险机动车同类型新车的价格（含车辆购置税）。

2）按投保时被保险机动车的实际价值确定。本保险合同中的实际价值是指新车购置价减去折旧金额后的价格。低速货车和三轮汽车折旧率见表6—1。

表6—1　　低速货车和三轮汽车折旧率表

<table>
<tr><th rowspan="3">车辆种类</th><th colspan="4">月折旧率</th></tr>
<tr><th rowspan="2">家庭自用</th><th rowspan="2">非营业</th><th colspan="2">营业</th></tr>
<tr><th>出租</th><th>其他</th></tr>
<tr><td>低速货车和三轮汽车</td><td>—</td><td>1.10%</td><td>1.40%</td><td>1.40%</td></tr>
</table>

折旧按月计算，不足一个月的部分，不计折旧。最高折旧金额不超过投保时被保险机动

车新车购置价的80%。

折旧金额=投保时的新车购置价×被保险机动车已使用月数×月折旧率

3）在投保时被保险机动车的新车购置价内协商确定。

（4）其他包括：

1）保险人在订立保险合同时，应向投保人说明投保险种的保险责任、责任免除、保险期间、保险费及支付办法、投保人和被保险人义务等内容。

2）投保人应如实填写投保单并回答保险人提出的询问，履行如实告知义务，并提供被保险机动车行驶证复印件、机动车登记证书复印件。

在保险期间内，被保险机动车改装、加装等，导致被保险机动车危险程度显著增加的，应当及时书面通知保险人。否则，因被保险机动车危险程度显著增加而发生的保险事故，保险人不承担赔偿责任。

3）除另有约定外，投保人应当在本保险合同成立时交清保险费；保险费交清前发生的保险事故，保险人不承担赔偿责任。

4）保险事故发生时，被保险人对被保险机动车不具有保险利益的，不得向保险人请求赔偿。

小常识

保险利益是指投保人对保险标的所具有的法律上承认的经济利益。

5）因保险事故损坏的被保险机动车，应当尽量修复。修理前被保险人应当会同保险人检验，协商确定修理项目、方式和费用。否则，保险人有权重新核定；无法重新核定的，保险人有权拒绝赔偿。

6）保险人依据被保险机动车驾驶人在事故中所负的事故责任比例，承担相应的赔偿责任。

被保险人或被保险机动车驾驶人根据有关法律法规规定选择自行协商或由公安机关交通管理部门处理事故未确定事故责任比例的，按照下列规定确定事故责任比例：

①被保险机动车方负主要事故责任的，事故责任比例为70%。

②被保险机动车方负同等事故责任的，事故责任比例为50%。

③被保险机动车方负次要事故责任的，事故责任比例为30%。

7）保险人按下列方式赔偿：

①按投保时被保险机动车的新车购置价确定保险金额的：

发生全部损失时，在保险金额内计算赔偿，保险金额高于保险事故发生时被保险机动车实际价值的，按保险事故发生时被保险机动车的实际价值计算赔偿。

②按投保时被保险机动车的实际价值确定保险金额或协商确定保险金额的：

发生全部损失时，保险金额高于保险事故发生时被保险机动车实际价值的，以保险事故发生时被保险机动车的实际价值计算赔偿；保险金额等于或低于保险事故发生时被保险机动车实际价值的，按保险金额计算赔偿。

发生部分损失时，按保险金额与投保时被保险机动车的新车购置价的比例计算赔偿，但不得超过保险事故发生时被保险机动车的实际价值。

③施救费用赔偿的计算方式同本条①、②，在被保险机动车损失赔偿金额以外另行计算，最高不超过保险金额的数额。被施救的财产中，含有本保险合同未承保财产的，按被保险机动车与被施救财产价值的比例分摊施救费用。

8）保险事故发生时，被保险机动车重复保险的，保险人按照本保险合同的保险金额与各保险合同保险金额的总和的比例承担赔偿责任。

9）本保险合同的内容如需变更，须经保险人与投保人书面协商一致。

10）在保险期间内，被保险机动车转让他人的，受让人承继被保险人的权利和义务。被保险人或者受让人应当及时书面通知保险人并办理批改手续。

因被保险机动车转让导致被保险机动车危险程度显著增加的，保险人自收到前款规定的通知之日起 30 日内，可以增加保险费或者解除本保险合同。

小常识

转让：以转移所有权为目的，处分被保险机动车的行为。被保险人以转移所有权为目的，将被保险机动车交付他人，但未按规定办理转移（过户）登记的，视为转让。

11）保险责任开始前，投保人要求解除本保险合同的，应当向保险人支付应交保险费 5% 的退保手续费，保险人应当退还保险费。

保险责任开始后，投保人要求解除本保险合同的，自通知保险人之日起，本保险合同解除。保险人按日收取自保险责任开始之日起至合同解除之日止期间的保险费，并退还剩余部分保险费。

2. 机动车第三者责任保险

机动车第三者责任保险是指保险车辆因意外事故，致使他人遭受人身伤亡或财产的直接损失，保险人依照机动车保险合同规定，对被保险人依法应承担的经济赔偿责任进行赔偿的保险。

小常识

本保险合同中的第三者是指因被保险机动车发生意外事故遭受人身伤亡或者财产损失的人，但不包括投保人、被保险人、保险人和保险事故发生时被保险机动车本车上的人员。

（1）保险责任。保险期间内，被保险人或其允许的合法驾驶人在使用被保险机动车过程中发生意外事故，致使第三者遭受人身伤亡或财产直接损毁，依法应当由被保险人承担的损害赔偿责任，保险人依照本保险合同的约定，对于超过机动车交通事故责任强制保险各分项赔偿限额以上的部分负责赔偿。

（2）责任免除包括：

1）被保险机动车造成下列人身伤亡或财产损失，不论在法律上是否应当由被保险人承担赔偿责任，保险人均不负责赔偿：

①被保险人及其家庭成员的人身伤亡、所有或代管的财产的损失。

②被保险机动车本车驾驶人及其家庭成员的人身伤亡、所有或代管的财产的损失。

③被保险机动车本车上其他人员的人身伤亡或财产损失。

2）下列情况下，不论任何原因造成的对第三者的损害赔偿责任，保险人均不负责赔偿：

①地震及其次生灾害。

②战争、军事冲突、恐怖活动、暴乱、扣押、收缴、没收、政府征用。

③竞赛、测试、教练，在营业性维修、养护场所修理、养护期间。

④利用被保险机动车从事违法活动。

⑤驾驶人饮酒、吸食或注射毒品、被药物麻醉后使用被保险机动车。

⑥事故发生后，被保险人或其允许的驾驶人在未依法采取措施的情况下驾驶被保险机动车或者遗弃被保险机动车逃离事故现场，或故意破坏、伪造现场、毁灭证据。

⑦驾驶人有下列情形之一者：

无驾驶证或驾驶证有效期已届满；驾驶的被保险机动车与驾驶证载明的准驾车型不符；实习期内驾驶公共汽车、营运客车或者载有爆炸物品、易燃易爆化学物品、剧毒或者放射性等危险物品的被保险机动车，实习期内驾驶的被保险机动车牵引挂车；持未按规定审验的驾驶证，以及在暂扣、扣留、吊销、注销驾驶证期间驾驶被保险机动车；被保险机动车拖带未投保机动车交通事故责任强制保险的机动车（含挂车）或被未投保机动车交通事故责任强制保险的其他机动车拖带。

⑧非被保险人允许的驾驶人使用被保险机动车。

⑨被保险机动车转让他人，被保险人、受让人未履行本保险合同第三十四条规定的通知义务，且因转让导致被保险机动车危险程度显著增加而发生保险事故。

⑩除另有约定外，发生保险事故时被保险机动车无公安机关交通管理部门核发的行驶证或号牌，或未按规定检验或检验不合格。

3）下列损失和费用，保险人不负责赔偿：

①被保险机动车发生意外事故，致使第三者停业、停驶、停电、停水、停气、停产、通信或者网络中断、数据丢失、电压变化等造成的损失以及其他各种间接损失。

②精神损害赔偿。

③因污染（含放射性污染）造成的损失。

④第三者财产因市场价格变动造成的贬值、修理后价值降低引起的损失。

⑤被保险机动车被盗窃、抢劫、抢夺期间造成第三者人身伤亡或财产损失。

小常识

被盗窃、抢劫、抢夺期间：被保险机动车被盗窃、抢劫、抢夺过程中及全车被盗窃、抢劫、抢夺后至全车被追回。

⑥被保险人或驾驶人的故意行为造成的损失。

4）应当由机动车交通事故责任强制保险赔偿的损失和费用，保险人不负责赔偿。

保险事故发生时，被保险机动车未投保机动车交通事故责任强制保险或机动车交通事故责任强制保险合同已经失效的，对于机动车交通事故责任强制保险各分项赔偿限额以内的损失和费用，保险人不负责赔偿。

5）保险人在依据本保险合同约定计算赔款的基础上，在保险单载明的责任限额内，按下列免赔率免赔：

①负次要事故责任的免赔率为5%，负同等事故责任的免赔率为10%，负主要事故责任的免赔率为15%，负全部事故责任的免赔率为20%。

②违反安全装载规定的，增加免赔率10%。

③投保时指定驾驶人，保险事故发生时为非指定驾驶人使用被保险机动车的，增加免赔率10%。

④投保时约定行驶区域，保险事故发生在约定行驶区域以外的，增加免赔率10%。

（3）其他包括：

1）每次事故的责任限额，由投保人和保险人在签订本保险合同时按保险监管部门批准的限额档次协商确定。

2）保险事故发生后，保险人按照国家有关法律、法规规定的赔偿范围、项目和标准以及本保险合同的约定，在保险单载明的责任限额内核定赔偿金额。

3）保险人按照国家基本医疗保险的标准核定医疗费用的赔偿金额。

4）未经保险人书面同意，被保险人自行承诺或支付的赔偿金额，保险人有权重新核定。不属于保险人赔偿范围或超出保险人应赔偿金额的，保险人不承担赔偿责任。

5）被保险人获得赔偿后，本保险合同继续有效，直至保险期间届满。

3. 机动车盗抢保险条款

机动车盗抢保险合同（以下简称本保险合同）由保险条款、投保单、保险单、批单和特别约定共同组成。在投保机动车盗抢保险的基础上，投保人可投保附加险。

（1）保险责任。保险期间内，被保险机动车的下列损失和费用，保险人依照本保险合同的约定负责赔偿：

1）被保险机动车被盗窃、抢劫、抢夺，经出险当地县级以上公安刑侦部门立案证明，满60天未查明下落的全车损失。

2）被保险机动车全车被盗窃、抢劫、抢夺后，受到损坏或车上零部件、附属设备丢失需要修复的合理费用。

3）被保险机动车在被抢劫、抢夺过程中，受到损坏需要修复的合理费用。

（2）责任免除包括：

1）下列情况下，不论任何原因造成被保险机动车损失，保险人均不负责赔偿：

①地震及其次生灾害。

②战争、军事冲突、恐怖活动、暴乱、扣押、收缴、没收、政府征用。

③竞赛、测试、教练，在营业性维修、养护场所修理、养护期间。

④利用被保险机动车从事违法活动。

⑤驾驶人饮酒、吸食或注射毒品、被药物麻醉后使用被保险机动车。

⑥非被保险人允许的驾驶人使用被保险机动车。

⑦租赁机动车与承租人同时失踪。

⑧被保险机动车转让他人，被保险人、受让人未履行本保险合同第三十二条规定的通知义务，且因转让导致被保险机动车危险程度显著增加而发生保险事故。

⑨除另有约定外，发生保险事故时被保险机动车无公安机关交通管理部门核发的行驶证或号牌，或未按规定检验或检验不合格。

⑩被保险人索赔时，未能提供机动车停驶手续或出险当地县级以上公安刑侦部门出具的盗抢立案证明。

2）被保险机动车的下列损失和费用，保险人不负责赔偿：

①自然磨损、朽蚀、腐蚀、故障。

②遭受保险责任范围内的损失后，未经必要修理继续使用被保险机动车，致使损失扩大的部分。

③市场价格变动造成的贬值、修理后价值降低引起的损失。

④标准配置以外新增设备的损失。

⑤非全车遭盗窃，仅车上零部件或附属设备被盗窃或损坏。

⑥被保险机动车被诈骗造成的损失。

⑦被保险人因民事、经济纠纷而导致被保险机动车被抢劫、抢夺。

⑧被保险人及其家庭成员、被保险人允许的驾驶人的故意行为或违法行为造成的损失。

3）被保险机动车被盗窃、抢劫、抢夺期间造成人身伤亡或本车以外的财产损失，保险人不负责赔偿。

案例导入

王先生购买了一辆农用运输车，并购买了上海某家财产保险公司的车辆保险，险种包括车辆损失险、第三者责任险、全车盗抢险和不计免赔特约条款等。两个月后，王先生开车去商场购物，从商场出来后便发现车辆已被盗，王先生当即向当地公安局和投保的保险公司报案。两个星期后，王先生被盗的车辆及时被公安局找到，但王先生从公安局处得知，窃贼在盗车过程中，违规行车发生了交通事故，与一辆摩托车相撞，造成摩托车驾驶员受伤及摩托车损坏，因此，车身上也留有不少刮痕。王先生为此支付了一笔数目不小的维修费。王先生找到保险公司，希望保险公司按照保单上的条款给予一定赔偿。

点评

对于被盗车辆的损失，保险公司有义务进行赔偿，而对于造成的第三者损伤不负补偿责任，保险公司拒绝赔偿。

构成保险事故和赔偿责任必须有以下要素：行为主体必须是被保险人或其允许的驾驶员使用保险车辆；行为主体必须是持有效驾照开车；且必须是发生意外事故。

根据以上内容分析，本案中盗贼显然是保险合同关系的第三人，而非合同的行为主体，因其造成的意外事故而致使摩托车及其驾驶员的损伤责任不应属于保险合同的责任范围，保险人理应拒赔。

事实上，盗贼偷窃保险车辆是一种犯罪行为，他既不是被保险人，也不是被保险人允许的驾驶人员，即使是被保险人或其允许的驾驶人员因违法造成的事故，保险人也不能负保险责任，因而，拒赔是理所当然的。

4）保险人在依据本保险合同约定计算赔款的基础上，按下列免赔率免赔：

①发生全车损失的，免赔率为 20%。

②发生全车损失，被保险人未能提供《机动车行驶证》、《机动车登记证书》、机动车来历凭证、车辆购置税完税证明（车辆购置附加费缴费证明）或免税证明的，每缺少一项，增加免赔率 1%。

③投保时指定驾驶人，保险事故发生时为非指定驾驶人使用被保险机动车的，增加免赔率 5%。

④投保时约定行驶区域，保险事故发生在约定行驶区域以外的，增加免赔率 10%。

（3）保险金额。保险金额由投保人和保险人在投保时被保险机动车的实际价值内协商确定。

4. 机动车附加险及特约条款

（1）玻璃单独破碎险条款。投保了机动车损失保险的机动车，可投保本附加险。

1）保险责任。被保险机动车风挡玻璃或车窗玻璃的单独破碎，保险人负责赔偿。

2）投保方式。投保人与保险人可协商选择按进口或国产玻璃投保。保险人根据协商选择的投保方式承担相应的赔偿责任。

3）责任免除。安装、维修机动车过程中造成的玻璃单独破碎。

（2）火灾、爆炸、自燃损失险条款。投保了营业用汽车损失保险的机动车，可投保本附加险。

1）保险责任包括：

①火灾、爆炸、自燃造成被保险机动车的损失。

②发生保险事故时，被保险人为防止或者减少被保险机动车的损失所支付的必要的、合理的施救费用。

2）责任免除包括：

①自燃仅造成电器、线路、供油系统、供气系统的损失。

②所载货物自身的损失。

③轮胎爆裂的损失。

④人工直接供油、高温烘烤造成的损失。

3）保险金额。保险金额由投保人和保险人在投保时被保险机动车的实际价值内协商确定。

4）赔偿处理包括：

①全部损失，在保险金额内计算赔偿；部分损失，在保险金额内按实际修理费用计算赔偿。

②每次赔偿实行20%的免赔率。

（3）机动车停驶损失险条款。投保了机动车损失保险的机动车，可投保本附加险。

1）保险责任。保险期间内，因发生机动车损失保险的保险事故，致使被保险机动车停驶，保险人在保险单载明的保险金额内承担赔偿责任。

2）责任免除。下列情况导致被保险机动车停驶的，保险人不承担赔偿责任：

①被保险人或驾驶人未及时将被保险机动车送修或拖延修理时间。

②因修理质量不合格重新返修。

3）保险金额。保险金额按照投保时约定的日赔偿金额乘以约定的赔偿天数确定；约定的日赔偿金额最高为300元，约定的赔偿天数最长为60天。

4）赔偿处理。全车损失，按保险单载明的保险金额计算赔偿；部分损失，在保险金额内按约定的日赔偿金额乘以从送修之日起至修复之日止的实际天数计算赔偿，实际天数超过双方约定修理天数的，以双方约定的修理天数为准。

保险期间内，累计赔款金额达到保险单载明的保险金额，本附加险保险责任终止。

（4）车上货物责任险条款。投保了机动车第三者责任保险的机动车，可投保本附加险。

1）保险责任。保险期间内，发生意外事故致使被保险机动车所载货物遭受直接损毁，依法应由被保险人承担的损害赔偿责任，保险人负责赔偿。

2）责任免除包括：

①偷盗、哄抢、自然损耗、本身缺陷、短少、死亡、腐烂、变质造成的货物损失。

②违法、违章载运或因包装不善造成的损失。

③车上人员携带的私人物品。

④应当由机动车交通事故责任强制保险赔偿的损失和费用。

3）责任限额。责任限额由投保人和保险人在投保时协商确定。

4）赔偿处理。被保险人索赔时，应提供运单、起运地货物价格证明等相关单据。保险人在责任限额内按起运地价格计算赔偿。每次赔偿实行20%的免赔率。

（5）不计免赔率特约条款。经特别约定，保险事故发生后，按照对应投保的险种规定的免赔率计算的、应当由被保险人自行承担的免赔金额部分，保险人负责赔偿。

下列情况下，应当由被保险人自行承担的免赔金额，保险人不负责赔偿：

1）机动车损失保险中应当由第三方负责赔偿而无法找到第三方的。

2）被保险人根据有关法律法规规定选择自行协商方式处理交通事故，但不能证明事故原因的。

3）因违反安全装载规定而增加的。

4）投保时指定驾驶人，保险事故发生时为非指定驾驶人使用被保险机动车而增加的。

5）投保时约定行驶区域，保险事故发生在约定行驶区域以外而增加的。

6）因保险期间内发生多次保险事故而增加的。

7）发生机动车盗抢保险规定的全车损失保险事故时，被保险人未能提供《机动车行驶证》、《机动车登记证书》、机动车来历凭证、车辆购置税完税证明（车辆购置附加费缴费证明）或免税证明而增加的。

8）可附加本条款但未选择附加本条款的险种规定的。

9）不可附加本条款的险种规定的。

资料链接——交强险与商业三者险的区别

(1) 交强险具有强制性，商业三者险存在自愿性。交强险要求在中华人民共和国境内（不含港、澳、台地区）道路上行驶的机动车所有人或管理人必须投保；同时要求具有经营交强险资格的保险公司不能拒保，也不能随意解除交强险合同，但投保人未履行如实告知义务的除外。违反强制性规定的机动车所有人、管理人或保险公司都将受到处罚。因此，交强险具有强制性，而商业三者险则是由投保人自愿投保，不具有强制性。

(2) 交强险实行“无过错责任”赔偿原则，商业三者险实行“按责论处”赔偿原则。投保了交强险的机动车不论在交通事故中是否有过错，只要造成了他人的人身损害或财产损失，保险公司均需在交强险的责任限额内负责赔偿。而现行商业三者险实行的是“按责论处”的赔偿原则，即保险公司只根据被保险机动车在事故中的责任比例，在商业三者险的责任限额内承担赔偿责任。

(3) 交强险实行分项责任限额，商业三者险只设定综合责任限额。交强险实行分项责任限额制，且责任限额固定。交强险责任限额分为死亡伤残赔偿限额、医疗费用赔偿限额、财产损失赔偿限额以及被保险人在道路交通事故中无责任的赔偿限额。其中无责任的赔偿限额分为无责任死亡伤残赔偿限额、无责任医疗费用赔偿限额以及无责任财产损失赔偿限额。而商业三者险只设定综合的责任限额，但责任限额可以分成不同档次，由投保人自由选择。

三、机动车保险承保流程

承保实质上是保险双方达成协议订立合同的过程。即指保险人在投保人提出投保请求时，经审核其投保内容后，同意接受其投保申请，并负责按照有关保险条款承担保险责任的过程。

保险公司承保业务的流程大体相近，一般先由从事展业的人员进行展业宣传、为客户制订保险方案，然后客户根据自身保险利益的风险情况向保险人提出投保申请，填写投保单，协商确定保险费交付办法；接着由保险人审查投保单，向投保人询问有关保险标的和被保险人的各种情况，从而决定是否接受投保。如接受，则由业务人员验车、验证、复核后提请核保人员核保，如同意承保，则当事人双方订立保险合同，在保险单上签章并收取投保人缴纳的保险费后，保险人向投保人出具保险单或保险凭证，保险合同即告成立。

1. 投保

投保过程中业务员应当向投保人详细介绍机动车辆保险的内容。投保人根据实际需要购买适合自身需要的机动车辆保险。在投保时业务员还应告知投保人对保险重要单证的使用和保管、如实填写投保单并取得保险单、在购买机动车辆保险时应履行如实告知义务、及时交纳保险费和合同纠纷的解决方式等其他事项。

2. 承保

投保人购买保险，首先要提出投保申请，即填写投保单，交给保险人。保险公司的专业技术人员对投保人的申请进行风险评估，决定是否接受这一风险，并在决定接受风险的情况下，决定承保的条件，包括使用的条款和附加条款、确定费率和免赔额等。

3. 缮制和签发保险单证

保险人按照规定的业务范围和承保的权限，在审核检验之后，有权做出承保或拒保的决定。缮制单证是在接受业务后填制保险单或保险凭证等手续的程序。保险单或保险凭证是载明保险合同双方当事人权利和义务的书面凭证，是被保险人向保险人索赔的主要依据。

4. 统计归档

业务部门应建立承保登记制，将承保情况逐笔登记，并编制承保日报表。留存业务部门的单证，应按要求整理、装订、归档。

四、机动车保险的理赔

理赔是指保险合同所约定的保险事故（或保险事件）发生后，被保险人（或投保人、受益人）提出赔偿给付保险金请求时，保险人按合同履行赔偿或给付保险金的行为。

机动车保险的理赔流程如下：如果机动车发生交通事故致使保险标的发生损失，被保险人向保险公司报案，提出索赔；保险公司进行现场查勘；确定保险责任；属于保险责任，保险公司立案，定损核损并进行赔款理算；保险公司经过核赔，确认无误，支付赔偿，并进行结案处理；不属于保险责任，保险公司拒绝赔偿；如果保险合同终止，还要续保。

保险人对被保险人的赔付是以保险条款、交通管理部门颁发的交通事故处理办法以及相关的法律为依据。理赔工作是保险人履行保险合同义务的法律行为，应当严格按条款的规定办事，绝不能脱离条款另立章程，任意处理赔案。既要严格按照保险合同的原则办事，又要结合实际情况考虑一定的灵活性。

车主在理赔时的基本流程：

（1）出示保险单证。

（2）出示行驶证。

（3）出示驾驶证。

（4）出示被保险人身份证。

（5）出示保险单。

（6）填写出险报案表。

（7）详细填写出险经过。

（8）详细填写报案人、驾驶员和联系电话。

（9）检查车辆外观，拍照定损。

（10）理赔员带领车主进行车辆外观检查。

（11）根据车主填写的报案内容拍照核损。

（12）理赔员提醒车主车辆上有无贵重物品。

（13）交付维修站修理。

（14）理赔员开具任务委托单确定维修项目及维修时间。

（15）车主签字认可。

（16）车主将车辆交于维修站维修。

练　习　题

1. 农用运输车发生交通事故后如何进行现场处理？
2. 为什么发生交通事故后必须保护现场？
3. 机动车辆保险有哪两大类？
4. 机动车交通事故责任强制保险的保险责任和除外责任有哪些？
5. 投保人、被保险人义务有哪些？
6. 被保险人在索赔时应当向保险人提供哪些材料？
7. 机动车损失险的保险责任和除外责任有哪些？
8. 机动车第三者责任保险的保险责任和除外责任有哪些？
9. 简述机动车保险的理赔流程。

附录　道路交通安全违法行为记分分值

一、有下列违法行为之一，一次记 12 分：

（1）驾驶与准驾车型不符的机动车的。

（2）饮酒后或者醉酒后驾驶机动车的。

（3）驾驶公路客运车辆载人超过核定人数 20% 以上的。

（4）造成交通事故后逃逸，尚不构成犯罪的。

（5）使用伪造、变造机动车号牌、行驶证、驾驶证或者使用其他机动车号牌、行驶证的。

（6）在高速公路上倒车、逆行、穿越中央分隔带掉头的。

二、有下列违法行为之一，一次记 6 分：

（1）机动车驾驶证被暂扣期间驾驶机动车的。

（2）公路客运车辆载人超过核定人数未达 20% 的。

（3）机动车行驶超过规定时速 50% 以上的。

（4）在高速公路行车道上停车的。

（5）机动车在高速公路或者城市快速路上遇交通拥堵，占用应急车道行驶的。

（6）驾驶机动车载运爆炸物品、易燃易爆化学物品以及剧毒、放射性等危险物品，未按指定的时间、路线、速度行驶或者未悬挂警示标志并采取必要的安全措施的。

（7）连续驾驶公路客运车辆或者危险物品运输车辆超过 4 h 未停车休息或者停车休息时间少于 20 min 的。

（8）上道路行驶的机动车未悬挂机动车号牌的，或者故意遮挡、污损、不按规定安装机动车号牌的。

（9）以隐瞒、欺骗手段补领机动车驾驶证的。

三、有下列违法行为之一，一次记 3 分：

（1）货车载物超过核定载质量 30% 以上或者违反规定载客的。

（2）驾驶公路客运车辆以外的载客汽车载人超过核定人数20%以上的。

（3）违反道路交通信号灯通行的。

（4）机动车行驶超过规定时速未达50%的。

（5）在高速公路上驾驶机动车行驶低于规定最低时速的。

（6）驾驶禁止驶入高速公路的机动车驶入高速公路的。

（7）违反禁令标志、禁止标线指示的。

（8）不按规定超车、让行的，或者逆向行驶的。

（9）驾驶机动车违反规定牵引挂车的。

（10）在道路上车辆发生故障、事故停车后，不按规定使用灯光和设置警告标志的。

（11）上道路行驶的机动车未按规定定期进行安全技术检验的。

四、有下列违法行为之一，一次记2分：

（1）驾驶公路客运车辆以外的载客汽车载人超过核定人数未达20%的。

（2）货车载物超过核定载质量未达30%的。

（3）行经交叉路口不按规定行车或者停车的。

（4）行经人行横道，不按规定减速、停车、避让行人的。

（5）有拨打、接听手持电话等妨碍安全驾驶的行为的。

（6）驾驶和乘坐二轮摩托车，不戴安全头盔的。

（7）机动车在高速公路或者城市快速路上行驶时，机动车驾驶人未按规定系安全带的。

（8）遇前方机动车停车排队或者缓慢行驶时，借道超车或者占用对面车道、穿插等候车辆的。

五、有下列违法行为之一，一次记1分：

（1）不按规定使用灯光的。

（2）不按规定会车的。

（3）机动车载货长度、宽度、高度超过规定的。

（4）上道路行驶的机动车未放置检验合格标志、保险标志，未随车携带行驶证、机动车驾驶证的。